木構造

從基礎到實務理論，徹底解構「柱樑構架式」工法、材料、接合、耐震與構架計畫全圖解

山邊豐彥——著

張正瑜——譯

作者序

　　從二〇〇五年發生偽造耐震強度的事件開始，建築構造規範的強化、審查制度的嚴格化，以及住宅瑕疵擔保履行法的實施等等，在法規方面的增修與變動在這數年間多到讓人目不暇給。再者，二〇一一年三月十一日的東日本311大地震，使日本受到前所未有的災害，由此引發的新課題也堆積如山。過去小規模建築物（即4號建築物，請參見170頁）若是由建築師執行設計的話，在申請建築許可時可以不檢附結構相關的計算書圖，像這類的特例制度被重新檢討一事，政府的目的無非是要排除單憑設計者的想法與判斷造成灰色地帶，讓建築設計可以在任何人的操作之下，都能在確保安全性的規劃方向上前進。

　　如此一來，很明顯地，建築領域的各種制度出現了很大的變化，在一連串與結構相關的判定條件明確化與審查嚴格化的過程中，最令人擔心的便是法令的存在感愈來愈巨大，使設計者往往應付文書作業就足以讓思考停滯。

　　當然，結構計算僅是用來確保建築物的安全所採取的一種檢驗手段，結構計算軟體也只是做為輔助工具而已。無論如何，在進行綜合考量之後，要如何取捨判斷的設計行為，還是得由「人」、也就是設計者來進行。特別是木構造住宅的設計方面，能夠兼備設計與構造的設計人才，需求度應該會愈來愈高。

　　本書是以「木造構架構法」建造一個家為主題，從龐雜的知識庫裡抽出涉及設計、施工等應該要具備的基本事項，將其構造上的功能與意義，盡量不用公式而以圖解的方式來解說。

　　實務上，實際執行時仍會出現各式各樣的特殊狀況，這些是不可能在操作手冊與法規裡悉數網羅的。但明確的設計思考方向、與負起向業主說明的責任，可說是今後設計活動的重要課題。而理解設計的目的、並且不忽略任何細節，正是設計者應該具備的重要內涵。

　　本書如果能在此有所貢獻的話，當屬萬幸。

山辺豊彥

二〇一三年2月吉日

推薦序
（順序依照姓名筆劃排列）

在鋼筋混凝土建築掛帥的台灣，我們是一群努力減少混凝土用量的建築專業者，以前是因為喜愛木材的溫潤、喜愛輕構造飛揚的天際線，現在更因為地球資源的永續利用。我們慣常使用的石化產品、和混凝土製品，揮霍的程度好像是取之不盡、用之不竭，但事實上都是即將耗盡的資源。在這個地球上，植物是唯一的生產者，可以將太陽能轉化為我們的食物、建材，林木是可再生資源，也是固碳、節能、減廢的重要功臣；這樣一個好的資源，為何在台灣使用得這麼少？專業者、使用者對它都這麼陌生？

「台灣是全世界最愛用水泥的國家！」國內綠建築推手——成大建築系教授林憲德老師說，台灣人一年平均消耗水泥一千兩百五十八公斤，是日本的兩倍、美國的四倍，全世界平均的五.二二倍，每人平均消耗量曾是世界第一，可見台灣人有多「愛」水泥。

這有多重的原因，台灣建築法規對於木構造有世界嚴格的標準，對混凝土資源使用的環保標準又是非常低落，學界、業界和政府相關部門對木構造都相對陌生，就算有心的建築專業者想要入門、常常覺得孤立無援，不知從何開始？

看到學妹正瑜建築師翻譯的這本，真是令人興奮，作者山邊豐彥先生深厚的專業素養，加上到位的圖說，讓既深且廣的木構造專業知識親切、活潑起來了，正如山邊先生自序所述：本書是以「木造構架構法」建造一個家為主題，從龐雜的知識庫裡抽出涉及設計、施工等應該要具備的基本認知，將其構造上的功能與意義，盡量不用公式而以圖解的方式來解說。

這實在是有心了解木構造設計的專業者、及有興趣自力營造的民眾一本好的入門書，感謝作者山邊先生、譯者正瑜建築師、及城邦文化易博士的合作，讓台灣讀者可以親臨這一場宴饗。

李綠枝
大藏聯合建築師事務所主持建築師

木構造建築對台灣而言是個陌生的領域，但在日本、及歐美國家，木構造建築經過長期不斷的改良，已成為現代生活空間不可缺少的選項。尤其在考量永續設計與綠建築，木構造建築在住宅、及公共工程更成為先進國家的優先選項。

這本深入淺出地介紹了木構造建築的構造、結構系統與特性，對於想進入木構造專業領域的讀者是一本很好的入門參考書。

洪育成

考工記工程顧問有限公司負責人

木構造建築在近年來頻繁地被建築專業者關注並努力實踐，宣告了以生態思維與環境關懷為導向的新時代已經來臨。這是一本親和力相當高的專業書籍，除了圖文並呈、版面清晰外，也充分掌握了木構造設計應關注的資訊與環節，對於初步接觸的人是很好的入門書，對於已經從事相關實務的人更是一本實用的工具書。

陳啓仁

國立高雄大學建築學系教授
永續居住環境科技中心主任

推薦序

　　本書中，以大量圖示呈現木構造原理，輔以基礎學理說明，是一本淺顯易懂的實務工具書，有助於從事木構造、景觀施做人員，甚至木工相關業者，吸取相關專業知識，使其具備應有基礎概念並實際應用。

　　近年來，由於「節能減碳」概念受到重視，而木材又是一種天然再生環保優良材料，以木材做為建築裝修材料，不但將碳永久固定於建物中，又能調節溫濕度，營造優質居住環境，進而減少對環境衝擊，為地球最親近性材料之一。

　　本書共分為六個章節，可讓讀者認識木材，了解構造與接合，並對木構造重要的構體、樓板與屋架、地盤基礎等做深入淺出論述，進而構思整體木構造的構架，是從事木構造相關人員的隨身手冊，故樂於推薦之。

蘇文清
國立嘉義大學木質材料與設計學系教授

目錄

01
認識木材的特性

02

構架與接合是一切根本

03

不被地震‧強風擊倒的構造是由牆體來達成

04

樓板組・屋架組扮演的角色

05

木構造的構架計畫

06

不可輕忽的地盤・基礎

01 Chapter

認識木材的特性

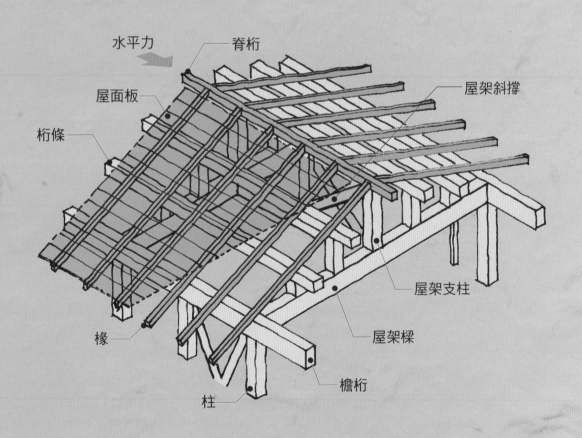

水平力　脊桁

屋面板

桁條

椽

柱

屋架斜撐

屋架支柱

屋架樑

檐桁

木構造的多樣性

POINT

➤ 木構造具有許多種類。住宅大多採用自由度高的柱樑構架式工法

木構造有各式各樣的構造工法。首先，先列舉各種類型的代表，看看它們有哪些不同的特徵（圖）。

①傳統工法

還可分為社寺佛閣（神社、寺廟、樓閣）和住宅兩種類型。前者的接合方式不使用五金構件，而是以主柱與樑、貫（橫穿板牆）、厚土牆、及板壁等組構而成的建造方式。相較之下，後者則是考慮到居住性與經濟性，柱樑等的構材較為纖細。雖然兩者都稱為傳統構法，但從構造方式來看，還是將兩者視為不同的工法比較好。

②柱樑構架式工法

以柱與樑的組合做成構架，再將牆壁與樓板組裝在構架上，這是住宅中最普遍的構造方式。比起傳統工法建造住宅的類型，這樣的方式可以使構材斷面尺寸縮小，接合部位的加工也得以簡化，還能視需要搭配五金零件來使用。在這種構造方法中，也包含了將牆壁與樓板模組化的合理化工法，相當多樣化。

③框組壁工法

整體構架上並不設置柱子，而是以構造用合板與規格化的角材等構成框架，又稱為2×4構法。與柱樑構架式工法相較，此工法在構成規則上的限制較多。

④板工法

考慮施工因素，使用預先模組化的構材來構造。在框架的基礎上組裝板狀化的樓板與牆壁。由於做法上接近柱樑構架式工法，甚至還可以將框架在內的部件也一併模組化，具有多種的變化。

⑤集成材工法

這是在建造大跨距空間時經常採用的構造方式。在受拉力作用的方向上使用大斷面的柱樑剛性構架，而縱向上則以剪力牆來抵抗水平力的作用，屬於常見的應用方式。

⑥圓木組構工法

將剝皮圓木與其他木料以鋼製接榫繫結，再以井字形堆疊來構成牆面的構造方式。這方式可以同時抵抗垂直載重與水平載重，也有人稱這樣的構造為木屋式、或校舍倉庫式工法。

➤圖 木構造的工法

①傳統工法

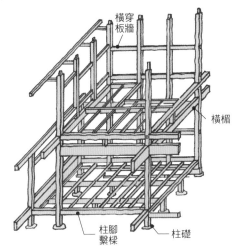

橫穿板牆
橫楣
柱腳繫樑
柱礎

②柱樑構架式工法

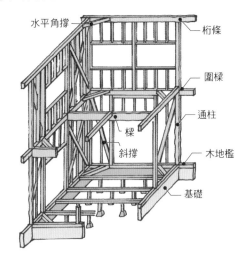

水平角撐
桁條
圍樑
通柱
樑
斜撐
木地檻
基礎

③框組壁工法

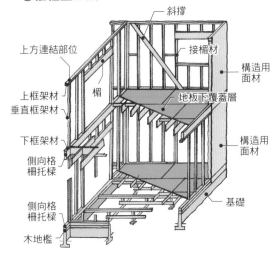

斜撐
接楣材
構造用面材
上方連結部位
楣
地板下覆蓋層
上框架材
垂直框架材
下框架材
側向格柵托樑
構造用面材
側向格柵托樑
基礎
木地檻

④板工法

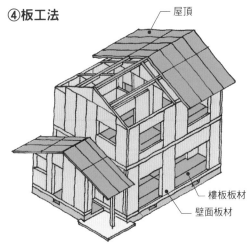

屋頂
樓板板材
壁面板材

板工法的原型是以工廠生產為基礎。如果不是採用統一的平面，並以大量生產為模式，採用這種工法的成本相對較高，在日本仍以柱樑構架式為主流工法。

⑤集成材工法

斜撐
集成材剛性構架

⑥圓木組構工法

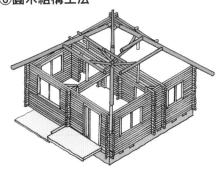

柱樑構架式工法的基本組成

POINT
> 木構造是框架、剪力牆、及水平構面三要素接合而成，
> 並以此基礎做為整體的支撐

　　日本採用的木構造方式中，最普遍的是柱樑構架式工法，接著就來認識這種構造方式在構造上的特徵、以及應用在這種構造上的材料。

　　從材料面可約略分為①基礎、②框架、③剪力牆、④樓板構造與屋架、⑤接合部位等五個種類（圖）。

基礎

　　在地盤與建築物之間，以鋼筋混凝土施做的部分稱為基礎。這個部分支撐整個建築物的重量，扮演著與地盤取得平衡的角色（圖①）。

框架

　　框架是指由垂直向的柱、以及水平向的橫向材所構成的構架。其中，斷面尺寸相對較大的橫向材稱為樑（位於地面層時稱為木地檻，配置於二層以上稱為樓板樑）。柱和樑連結起來所形成的部分就稱為框架（又稱為骨架），是支撐建築物最基本的構造材（圖②）。

剪力牆

　　在所有牆壁類型中，能抵抗地震力、或強風等水平作用力的牆壁，稱為剪力牆。在木造框架裡被斜向配置的對角斜撐，就是典型的代表（圖③）。

　　一般而言，僅以框架來支撐的話，會造成在水平方向（地震、強風等，施加於建築物的水平力）上的抵抗力不足，因此設計剪力牆是必要的。

樓板構架與屋架

　　樓板構架指的是一樓與二樓間鋪設的水平樓板，也就是在樑上先排列好稱為樓板格柵的小斷面橫向材，上方再以地板材鋪設所形成的水平面。屋架則是支撐屋頂的部分，在水平向貫穿的樑（桁樑、屋架樑）上加上短柱，並在短柱上架設桁條的水平材之後，再鋪設屋頂板而成。支撐屋頂頂部的橫向材稱為脊桁，樓板構架與屋架也稱為水平構面，是將水平力傳遞至剪力牆的角色（圖④）。

接合部位

　　構材以垂直相交的接合方式稱為「搭接」，而同一方向的構材相接的話稱為「對接」。接合方式能左右木造建築結構性能，是木構造的重要關鍵（圖⑤）。

➤圖　柱樑構架式工法的基本組成

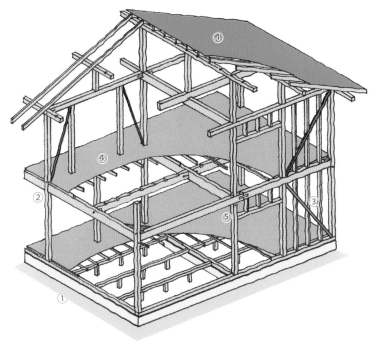

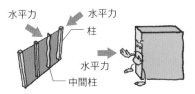

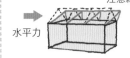

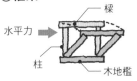

①地盤 ・ 基礎

基礎支撐垂直載重，必須防止因不均勻導致沉陷的情況發生，同時也具有將水平力向地盤傳遞的功能。

封閉式基礎

開口式基礎

基礎是木地檻與周邊壁體以封閉狀態所構成的，若出現切口，便容易沿著開口產生裂痕。

②框架

　　　　　樑
水平力 ➡
　　柱
　　　　　木地檻

框架是支撐建築物的骨架，由柱與樑共同構成，但是就抵抗水平力而言，僅有框架是不足的。

③剪力牆

水平力 ➡

為了使框架能承受水平力作用，設置有斜撐的剪力牆是必要的措施。

水平力　　　　水平力
　　　　　　　柱

水平力
　　　　中間柱

水平力是以牆壁的長度對抗、支撐的。因此，如果在牆壁的厚度方向上施加水平力的話，牆壁很容易傾倒。

④樓板構架 ・ 屋架

注意縱向傾倒

水平力 ➡

屋頂是用來保護建築避免受到雨雪的侵害。做為屋頂基礎的屋架與樓板正是具有此功能的角色，因此在屋架中設置能承重的斜撐，也是必要的措施。

樓板是支撐人員活動與家具的元素，由地板、樓板格柵、樓板樑等組構而成。

樓板

水平力
剪力牆

樓板具有將水平力向剪力牆傳遞的功能。

⑤接合部

容易旋轉　　不容易旋轉

鉸接　　　　半剛接

木造的接合部位若以鉸接的方式連接，容易使構材旋轉，如果設置支撐材、或水平角撐，則可約束接合部位的活動而不容易產生旋轉的情形。

載重具有方向性與時間性

POINT

➤ 作用在建築物的重量，可依據作用方向是垂直、或水平與重量持續時間的長、短來分類

作用於建築物的載重

建築物承載的不僅有人與家具的重量，還有降雪、颱風、地震等所形成的的重量。在設計建築物的結構時，必須將這些載重視為基本條件，並且充分把握構成建築物的材料特性下，適當地選擇符合空間需求的構造形式。

歸納來看，作用於建築物的載重包含了常時作用的建築物自重（靜載重）、具有移動性質的人和家具等的活載重。此外，還有雪壓、風壓、地震力、土壓、與地下水壓力等，這些載重都可依據作用方向與作用時間來分類。

載重的作用方向

載重的作用方向大致分為垂直方向（重力方向）與水平方向（圖）。

垂直方向的載重以建築物的自重、活載重、及降雪載重為主（在多雪的地區，雪的單位重量可能提高）。風壓與地震力雖然也會產生垂直方向的作用力，但是對建築物的影響仍以水平作用力為主，因此這兩者主要以水平力來考

量，但仍須考慮不同地域上的差異。

除了上述情形外，地下室與坡地上的建築還會有土壓力；水槽（例如游泳池）有水壓力的作用。此時，垂直與水平兩個方向的載重都需納入考慮。而土壤中如果含有水分，還會有水平力增加的傾向，也需要特別留意。

載重的作用時間

另一方面，若以載重的作用時間分類的話，靜載重、活載重、土壓、與水壓可以視為常時作用的載重類型。雪是冬季才會出現，而且會隨著地域不同形成差異。雖然風壓也是常時作用著，但是真正對建築物產生重大影響的風力，一年中僅會出現數次。至於地震力，中小規模的地震通常數年發生一次，而大地震則是比較罕見的。

這些載重中，日常性的載重稱為「長期載重」，偶發的載重稱為「短期載重」，進行結構設計時，必須因應這些條件進行評估，以決定各種構造材料的容許值。

➤圖　載重的種類

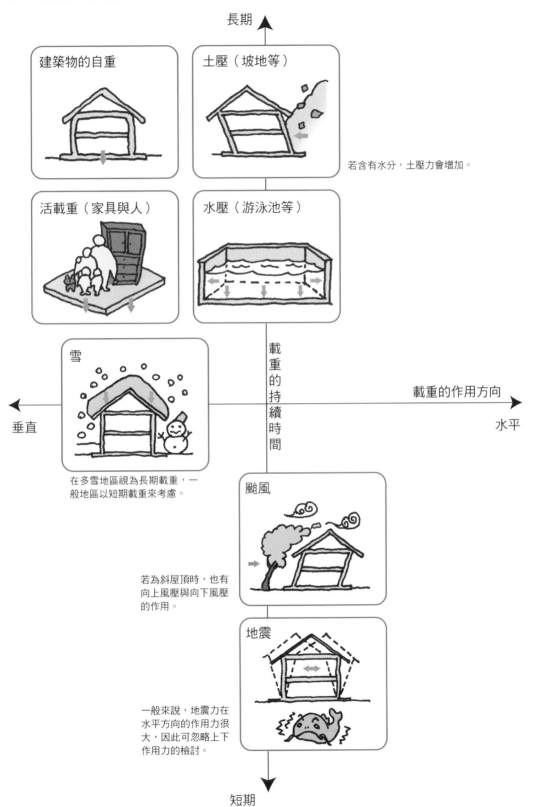

長期

建築物的自重

土壓（坡地等）

若含有水分，土壓力會增加。

活載重（家具與人）

水壓（游泳池等）

雪

在多雪地區視為長期載重，一般地區以短期載重來考慮。

垂直

載重的持續時間

載重的作用方向

水平

颱風

若為斜屋頂時，也有向上風壓與向下風壓的作用。

地震

一般來說，地震力在水平方向的作用力很大，因此可忽略上下作用力的檢討。

短期

力・木材　構架・接合　剪力牆　樓板組・屋架組　構架計畫　地盤・基礎

木材的容許應力值

POINT

▶ 構材的容許應力值 = 對應載重持續時間的安全係數 ×
基準強度

在構成建築物的材料上持續施力時，會增大材料的變形量，最後造成材料的破壞。若只是短時間受到力（載重）的作用，當力量移除之後，材料會立刻回復到原來的狀態，但若是延長作用時間，將會出現變形量難以恢復原狀的情況。針對這個議題，建築法規中依據作用力加諸於建築物的持續時間，制定了材料容許應力值與材料強度的相關規範。

長期載重與短期載重

常時作用於建築物的載重視為長期載重。一般而言，包含活載重在內、以及建築物的自重就屬於此類（圖①），而與地下室有關的土壓、以及與水槽（如游泳池）有關的水壓等也都屬於長期載重的一部分，這些載重的持續時間以五十年做為設定值（表）。

在垂直積雪量達一公尺以上的多雪地區，積雪載重也須視為長期載重，而其持續時間以三個月左右來設定（圖②、表）。

相對的，短期載重是非經常性施加於建築物的載重，例如地震力、風力，這些水平力的持續作用時間以十分鐘做為設定值（圖③、表）。在垂直積雪量未達一公尺高的地區，則會將積雪載重視為短期載重，並以三日左右的持續時間來設定（圖④、表）。

應力是在容許應力值之內嗎？

上述這些載重在相互加乘、並對建築物產生作用之後，各個構材會開始產生彎曲、或壓縮等的抵抗力（應力）（參照第26頁）。這些應力相對於構材單位面積換算後所得的數值，就稱為「應力值」。在結構設計中，構材所產生的應力值是預先就不同材料設定好的。換句話說，只要構材所承受的應力是在「容許應力值」內就屬於安全範圍。

容許應力值是由最大載重（基準強度）乘以安全係數後所得的數值。其中，安全係數代表著日本的耐震設計理念，也就是在偶發性的地震（小震）發生時不造成損傷；而罕見的大地震發生時不造成倒塌，讓生命與財產得以保存。

▷圖　載重的持續時間與木材的容許應力值

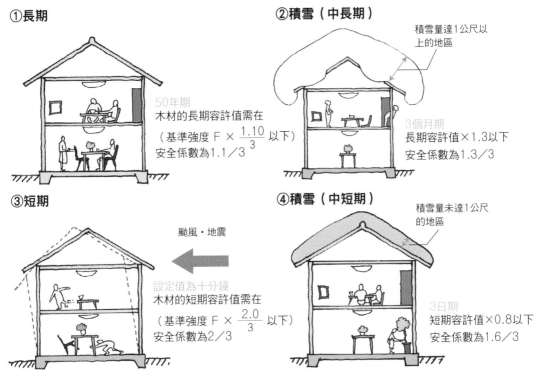

①長期

50年期
木材的長期容許值需在
（基準強度 F × $\frac{1.10}{3}$ 以下）
安全係數為1.1／3

②積雪（中長期）

積雪量達1公尺以上的地區

3個月期
長期容許值×1.3以下
安全係數為1.3／3

③短期

颱風・地震

設定值為十分鐘
木材的短期容許值需在
（基準強度 F × $\frac{2.0}{3}$ 以下）
安全係數為2／3

對應少見的大地震，其安全係數為1.0（需在基準強度以下）。

④積雪（中短期）

積雪量未達1公尺的地區

3日期
短期容許值×0.8以下
安全係數為1.6／3

關於規範容許應力值的法令[1]
材料的容許應力值→建築基準法施行令第89條。
材料強度→建築基準法施行令第95條與建設省告示第1422號。
壓陷等特殊的材料強度與容許應力值→建設省告示第1024號。

▷表　強度比與載重持續時間的關係

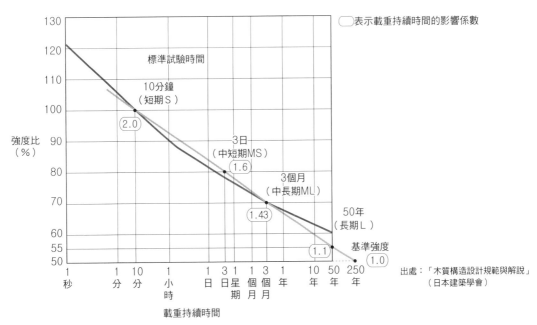

表示載重持續時間的影響係數

強度比（%）

標準試驗時間

10分鐘（短期S）　(2.0)

3日（中短期MS）　(1.6)

3個月（中長期ML）　(1.43)

50年（長期L）

基準強度　(1.0)

(1.1)

載重持續時間

1秒　1分　10分　1小時　1日　3日　1星期　1個月　3個月　1年　10年　50年　250年

出處：「木質構造設計規範與解說」（日本建築學會）

譯注：
1.此處為日本國內的規範。台灣對於木構造在「建築技術規則」的建築構造篇第四章「木構造」中有原則性的規範，對於木材容許應力的進一步規定在「木構造建築物設計及施工技術規範」第四章「材料與容許應力」中也有相關規定。

力・木材

構架・接合

剪力牆

樓板組・屋架組

構架計畫

地盤・基礎

垂直載重的傳遞方式

POINT

➤ 垂直載重的傳遞是由上而下、從小構材傳遞到大構材
的方式來進行，但不將剪力牆納入考慮

整體的力量傳遞

掌握力的傳遞是構造設計的第一步。作用於建築物的力會從各個受力構材傳遞到支撐構材上，基本上是由上往下傳遞、由斷面小的構材傳遞到斷面大的構材。此外，固定載重（建築物的自身重量）、活載重（人、家具等）、屋頂積雪等全都視為垂直載重，在重力方向上作用著。力的傳遞方向是從屋頂板→屋面板→樓板格柵、或椽→樑→柱→基礎→地基。

屋架周圍的力傳遞

圖①是一般日式屋架的組合形式（參照第154頁）。日式屋架是由屋架樑承載屋頂面的載重後再傳遞至柱。此時屋頂的舖設材料與雪的重量將先傳至屋面板，隨後再以椽→脊桁、桁條、簷桁→屋架支柱→屋架樑→桁條、樑、柱的順序傳遞。

二樓樓板周圍的力傳遞

樓板材、人、及家具等的重量，首先施加於樓板，再經由樓板格柵→小樑（又稱次樑）→大樑→柱的順序來傳遞（圖②）。若樓板樑上設有柱的話，此時的載重計算也必須把屋頂部分的載重加總進來。

近來為降低施工上的負擔，出現了不設置樓板格柵的做法，而是以厚度24～28公釐的構造用夾板為構材，直接固定在樓板樑上的施工方式（參照第138頁）。

在能夠承重的牆壁部分，例如斜撐，只需考慮它抵抗水平載重的能力，一般而言並不負擔垂直方向的載重，因此斜撐是在框架完成後才進行設置的。

一樓樓板周圍的力傳遞

從二樓傳遞下來的力，經過柱傳給木地檻→基礎→地盤。

一樓樓板的重量（包含人、家具）是由樓板→樓板格柵→格柵托樑→樓板支柱、木地檻等傳遞，從格柵托樑傳至木地檻的力量再經過基礎向地盤傳遞（圖③）。

若直接在地盤、或泥地的支柱墊石上直接設置樓板支架的話，那麼傳至樓板支柱的力量就可視為直接傳遞至地盤的力量。

➤ 圖 垂直作用於木造住宅的力量傳遞

①屋架周圍的力傳遞

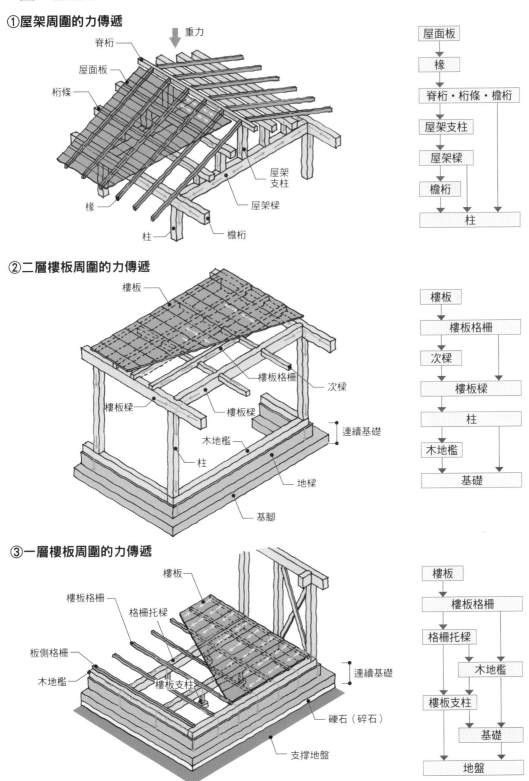

```
屋面板
  ↓
  椽
  ↓
脊桁・桁條・檐桁
  ↓
屋架支柱
  ↓
屋架樑
  ↓
檐桁        ↓
  ↓         ↓
     柱
```

②二層樓板周圍的力傳遞

```
樓板
  ↓
樓板格柵
  ↓
次樑
  ↓
樓板樑
  ↓
  柱
  ↓
木地檻
  ↓
基礎
```

③一層樓板周圍的力傳遞

```
樓板
  ↓
樓板格柵
  ↓
格柵托樑
  ↓
         木地檻
  ↓       ↓
樓板支柱
  ↓
         基礎
  ↓       ↓
     地盤
```

水平載重的傳遞方式

POINT

> 水平載重由樓板傳遞至剪力牆，因此樓板面與剪力牆之間需注意其連續性

水平載重的思考方式

一般在結構設計中，會將地震力與風壓力納入水平載重的範疇來討論。地震力造成地面搖晃，原本是由下向上傳導的力，但是為了在設計上方便考量其影響，因此將地面的移動量視為零，轉換成上部構造受到水平力作用的模式來思考。

大體上來說，水平力是從樓板傳遞至剪力牆的形式，因此樓板如果柔軟易彎、或因受力而變形，就不能順利地將力量傳遞至剪力牆，所以必須要確實地將樓板固定好。

屋架周圍的力傳遞

作用於屋頂面的水平力，透過屋面板→椽、桁條、脊桁、桁樑→屋架斜撐、二樓剪力牆的方式來傳遞（圖①）。

此時屋架周圍所受的水平力是二樓剪力牆在抵抗，因此在屋架構造內設置屋架斜撐等承重構造物，使作用於屋頂面的水平力能順利傳遞至二樓剪力牆，是相當重要的措施。

二樓樓板、一樓樓板周圍的力傳遞

二樓樓板的水平力由一樓剪力牆來承擔，因此作用於二樓樓板的水平力是以樓板→樓板格柵→小樑（又稱次樑）、樓板樑→一樓剪力牆的模式來傳遞。此外，一樓剪力牆所承受的力將繼續傳至木地檻，然後再傳至基礎與地盤。

除了上述情形之外，一樓剪力牆也還承受著作用於二樓剪力牆的水平力。如果一樓與二樓剪力牆有錯位的話，二樓剪力牆所受的作用力會透過二樓樓板將力量傳至一樓剪力牆。此時，二樓樓板就必須加強固定，使其得以承受力量、能將巨大的水平力傳遞出去。

一樓樓板所承載的水平力，藉由樓板→樓板格柵→格柵托樑→木地檻→基礎→地盤的順序來傳遞。如果一樓樓板是設計為高架地板的話，要特別留意採取防止地板支柱傾倒的措施。

➤圖　水平作用於木造住宅的力量傳遞

①屋架周圍的力傳遞

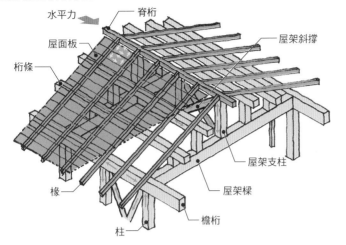

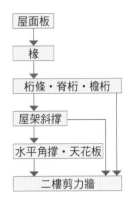

屋面板
↓
椽
↓
桁條・脊桁・檐桁
↓
屋架斜撐
↓
水平角撐・天花板
↓
二樓剪力牆

②二樓樓板、一樓樓板周圍的力傳遞

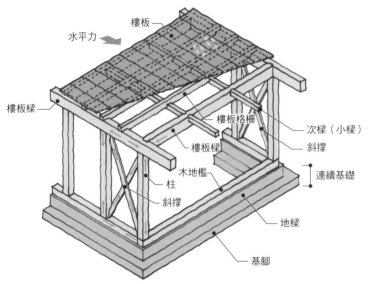

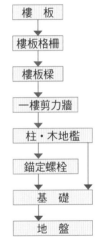

樓　板
↓
樓板格柵
↓
樓板樑
↓
一樓剪力牆
↓
柱・木地檻
↓
錨定螺栓
↓
基　礎
↓
地　盤

力・木材　構架・接合　剪力牆　樓板組・屋架組　構架計畫　地盤・基礎

➤何以剪力牆能有效抵抗水平力呢？

對從被推壓的方向，與橫向擴大步幅相較，前後擴大步幅的方式比較不容易傾倒。而且，打開雙腳會更容易站穩。

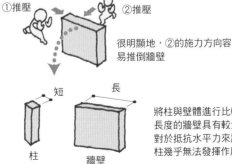

很明顯地，②的施力方向容易推倒牆壁

將柱與壁體進行比較的話，具有長度的牆壁具有較大的抵抗力。對於抵抗水平力來說，小斷面的柱幾乎無法發揮作用。

產生於構材中的應力種類

POINT

➤ 應力種類包含壓力、拉力、彎力、剪力、壓陷力、橫向壓縮（全面壓縮）六種

　　建築物一旦受到載重的作用，就會對各部位的構材產生壓力、拉力、彎力、剪力、壓陷力等作用力，這些力統稱為「應力」（圖）。

壓力

　　指將壓入構材的力，例如垂直載重對柱子所產生的力、水平載重對剪力牆端部的柱、及樓板外周橫向材所產生的力等。在構材軸向（木材的纖維走向）上施加壓力時，構材厚度較薄的地方會產生彎折的「挫屈現象」。（參照第66頁）

拉力

　　拉張構材的力，是指水平載重發生時，剪力牆端部、以及樓板外周部位等處所出現的力。在木造中，相較於構材本身對於拉力的抵抗，如何使拉力不至於將構材接合部位拉扯分離，這一點在設計上更需多加注意。

彎力

　　彎曲構材的力會出現在承受垂直載重的橫向材上，在建築物外圍承受風壓的柱與橫向材上也會出現。

　　在彎力方面，構材強度所造成的變形需要加以注意。木材因為楊氏係數較低（參照第32頁），設計時通常會將變形量納入考量，以決定構材的斷面尺寸。

剪力

　　一旦在樑上施以垂直載重時，在支撐點會產生反力（支點的反向作用力），若將此部位的載重擴大的話，會出現使樑脫離掉落的作用力，這就是所謂的剪力。一旦構材對剪力的承受量不足，便會在構材的纖維方向產生撕裂狀的破壞樣態。（參照第48頁）

壓陷力

　　指在構材纖維的垂直方向上產生的壓力（橫向壓力）。此應力強度低，但持續性很強，一旦作用力移除後，有慢慢恢復至原有狀態的特性。常見於柱與木地檻的接合部等處。

橫向壓縮（全面壓縮）

　　指在構材纖維的垂直方向上施加的全面性壓入力，經常作用於楔形物[2]等較小的構材上。這種應力與壓陷力有所不同，其強度低但不具持續性，而且一旦將作用力移除後仍會維持其破壞狀態，並不會恢復到原來的樣態。

譯注：
2. 楔形物用於接合部位，將較薄的一端敲入以提高摩擦力，用來加強構材的固定，例如楔形門擋的作用。

➤圖 對構材產生的力

垂直載重時的構架

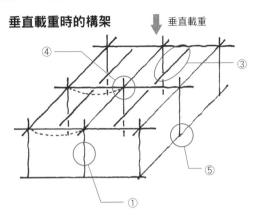

垂直載重
④ ③ ⑤ ①

水平載重時的構架

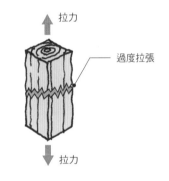

水平力
②

①壓力與壓力破壞

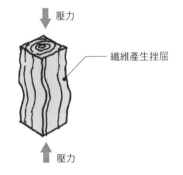

壓力

纖維產生挫屈

壓力

②拉力與拉力破壞

拉力

過度拉張

拉力

③彎力與彎力破壞

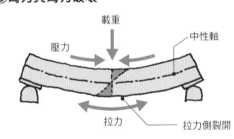

載重
壓力　　　　中性軸

拉力　　拉力側裂開

④剪力與剪力破壞

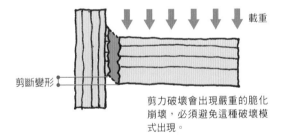

載重

剪斷變形

剪力破壞會出現嚴重的脆化崩壞，必須避免這種破壞模式出現。

⑤壓陷力與壓陷破壞

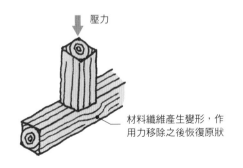

壓力

材料纖維產生變形，作用力移除之後恢復原狀

⑥橫向壓縮（全面壓縮）

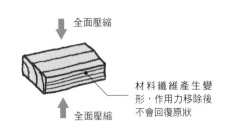

全面壓縮

材料纖維產生變形，作用力移除後不會回復原狀

全面壓縮

剛接與鉸接

三種接合方式

　　將構造物與構造物接續在一起的點稱為支撐點。支撐方式分為①固定端、②旋轉端（栓與鉸）、③移動端（滾輪）等三種。雖然構材與構材之間的接合總稱為節點，但又可細分為①剛節點，又稱為剛接、②鉸節點，又稱為鉸接等兩種。

固定端與剛接

　　是指把構材的接合部位固定成無法運動的接合方式。這樣的接合部位除了承受壓力、拉力、及剪力的作用之外，還會出現彎力的應力作用。剛接的構架形式是僅以構架本身就能抵抗水平力，因此稱為「剛性構架」（參照第116頁）。因為RC造（鋼筋混凝土）與鋼骨（S造）的接合部是一體成形的，所以可以稱為剛接構造。但木造是以切割的構材繫結而成，要達到剛接的狀態非常困難。雖然將木料埋入混凝土、或土中可稱為剛接，但是這種做法的缺點是會使木料因為水分的浸潤而容易腐壞（圖①）。

旋轉端與鉸接

　　這是讓接合部位將垂直載重與水平載重傳遞出去、但不會產生彎力的接合方式。用螺栓組合構材的方式就是這種形式（圖②）。雖然在與木料纖維垂直的方向上施加作用力時，螺栓會以中心旋轉無法支撐；但若是在木料纖維方向上產生壓力、或拉力的話，則會透過螺栓做為媒介，將力量傳遞至其他構材上。不過必須注意的是，完全由鉸接方式組成的構架，因為各接合部都能旋轉，因此整體構架無法抵抗水平作用力。

移動端（滾輪）

　　這類接合點雖然能夠傳遞垂直載重，不過一旦施加水平載重時就會產生移動。直接立於礎石上的柱子就是此類型的接合方式（圖③）。因其整個支撐點被視為滾輪形式，所以對構造體而言是一種不安定的方式。

實際的應用以半剛接最多

　　實務上使用最多的不是剛接、也非鉸接，而是介於兩者之間的半剛接（圖④）。這種接合部位或多或少能夠抵抗彎力，但無論如何，必要條件都是必須以大斷面的構材來施做。

➤圖 構材的接合方式

①固定端、剛接

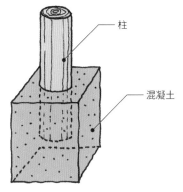

埋入混凝土中的柱

柱

混凝土

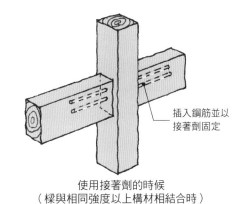

插入鋼筋並以
接著劑固定

使用接著劑的時候
（樑與相同強度以上構材相結合時）

②鉸接

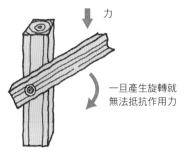

力

一旦產生旋轉就
無法抵抗作用力

以螺栓安裝在柱側面的角撐

③滾輪

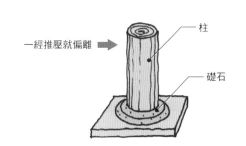

一經推壓就偏離

柱

礎石

簡單放置於礎石之上的柱

④半剛接

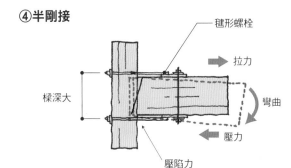

鐉形螺栓

拉力

彎曲

壓力

樑深大

壓陷力

在樑材的上下兩側以鐉形螺栓與柱材進行接合固定

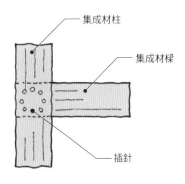

集成材柱

集成材樑

插針

大斷面集成材的接頭

嚴格說來，實際的構造物幾乎都是使用半剛接的接合方式。但由於一般木造住宅所使用的構材斷面較小，
所以接合部大都幾近鉸接的形式，因此，為了使木造能抵抗各種載重，設置剪力牆就成為必要的手段。

簡支樑、連續樑、懸臂樑

POINT
> 解析模型依據構件的支撐狀況而分類
> 確保懸臂樑的固定部位

構件的解析模型

進行構件的斷面設計時，需計算出撓曲度與應力，並確認是否在容許值的範圍內。依此條件進行設計的構件，可以替換成便於解析的模型來思考，代表的類型包含簡支樑、連續樑、懸臂樑等三種（圖1）。

簡支樑

樑的兩端以鉸接方式固定，稱為簡支樑。具體來說，橫跨於大樑之上的小樑、以及兩端固定於通柱上的大樑（圍樑）等，皆為此類。

連續樑

一道樑具有三個以上的支撐點，稱為連續樑。在大樑上方的小樑、位於通柱與通柱之間有管柱支撐的圍樑等，就屬此類。

不過，如果在樑上設有接合點，就必須當做樑被做了切割，因此，如果小樑通過大樑上方並在大樑上設有接合點的話，就必須將此視為另外的簡支樑模式。

懸臂樑

樑的其中一端無支撐點（稱為自由端）、而於另一端進行固定，稱為懸臂樑。陽台、或雨庇等具有懸挑部分便屬此類。懸臂樑也稱為懸挑樑。

懸挑樑必須注意的重點在於固定端的支撐狀態，例如從通柱中伸出的懸挑樑（圖2①），若沒有與懸挑的長度相對應的固定部位做為短樑（圖2②），在構造上就難以視為懸臂樑。因為一旦在這樣的樑上施加重量時，便會因為沒有確實固定支撐點而導致樑的鬆脫。

因此在進行懸挑樑的設計時，需確保固定部位的長度必須是懸挑長度的1.5～2倍以上，並且確實做好接合工作避免支撐處產生脫離（圖2③）。

➤圖1 樑的分類

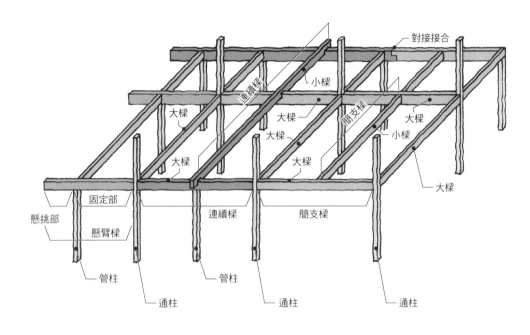

對接接合

連續樑 小樑

大樑 大樑 簡支樑 大樑

大樑 大樑 小樑

固定部 大樑

懸挑部 連續樑 簡支樑

懸臂樑

管柱 管柱

通柱 通柱 通柱

力・木材
構架・接合
剪力牆
樓板組・屋架組
構架計畫
地盤・基礎

➤圖2 懸臂梁的注意要點

①從通柱中懸挑而出時

需設置添板、或是以L形金屬構件固定。

對柱產生彎曲作用力,故需留意柱的斷面尺寸。

②固定部不足時

支撐點的固定會非常困難。

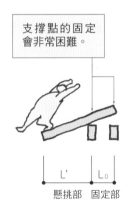

L' L₀

懸挑部 固定部

③L₀ ≧ 1.5～2×L'時

確實地固定好避免支撐點向上脫離。

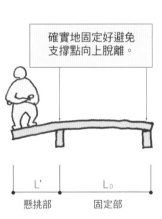

L' L₀

懸挑部 固定部

固定部對於懸臂樑是必要的。

楊氏係數與剛度、韌度

POINT
> 彎曲楊氏係數與撓度（變形量）相關
> 剛度是材料強度與變形的關係用語；韌度代表變形能力

構材的構造特性是以強度與變形度做為評估的條件。

楊氏係數

若在材料上施加載重，會使材料產生變形。例如在圖1的樑中央施加載重，樑會因受力而彎曲。這個變形量與載重大小、跨距、以及材料斷面形狀有關，甚至材質的特性也會產生影響。代表材料內部特性的數值就是楊氏係數。楊氏係數大的材料較難產生彎曲變形；反之，係數小的材料容易因受力而彎曲變形（圖2）。

木材依據楊氏係數來劃分等級，級距如表1所示。

例如，實際測定出楊氏係數為$6500N/mm^2$的構材，就劃分為E70。從表中我們也可以看出，劃分於同一等級的材料中，實際數值會有趨近底限的部分、以及趨近上限的部分，其間有1.2～1.5倍的差異。因此在進行設計時，必須了解這些差異，並且留意材料在受力時是否具備充足的反應空間。

剛度與韌度

剛度是用來表示載重強度與變形量間的關係用語，例如「剛度高」、「剛度低」等說法。舉例來說，以同樣的力施加於兩種材料時，變形量較小的那一方表示剛度較高，而變形量較大的一方表示剛度較低。換句話說，剛度高的構材較不易變形，如果要讓剛度高的構材達到一定變形量，需要的施力（承受力＝耐力）就愈大。（圖3）

另一方面，所謂韌度是表示構造體變形能力的用詞（與載重強度無關），例如以「富有韌度」、「缺乏韌度」的表達方式。富有韌度的構材在到達破壞之前會產生大量的形變，是黏性強的構材；反之，缺乏韌度的構材則是在少量變形後就會立即破壞。因此，韌度低的材料會突然崩壞，而且破壞後的材料耐力會因急速下降而產生脆化破裂（脆性破壞）。

▶圖1 與楊氏係數相關的因子

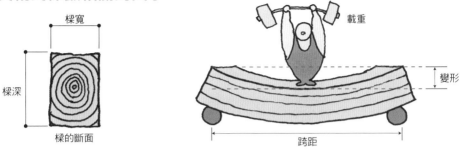

（彎曲）楊氏係數透過①載重、②變形量、③跨距、④斷面來計算。

▶圖2 楊氏係數與撓度

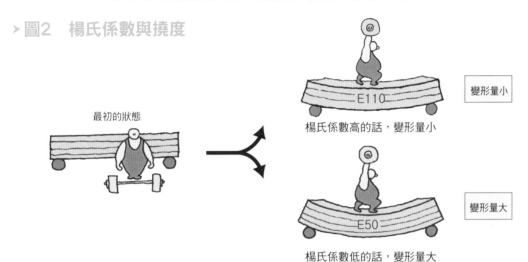

▶表1 機械等級區分與楊氏係數的關係

等級表示	實際楊氏係數		中間值
	重力單位〔t/cm²〕	SI單位〔N/mm²〕	〔N/mm²〕
E50	40 ≦ E < 60	3,923 ≦ E < 5,884	4,903
E70	60 ≦ E < 80	5,884 ≦ E < 7,845	6,865
E90	80 ≦ E < 100	7,845 ≦ E < 9,807	8,826
E110	100 ≦ E < 120	9,807 ≦ E < 11,768	10,787

▶圖3 構造特性的概念圖

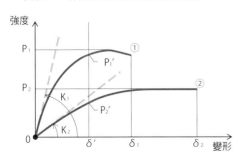

左圖為構材、及構造體的載重（強度）與變形量的關係。
比較圖中兩種構材的構造特性後，可列出如下表的內容：

構材	①		②
楊氏係數	K_1	>	K_2
強度	P_1	>	P_2
韌度	δ_1	<	δ_2
剛度	P_1' / δ'	>	P_2' / δ'

力・木材

構架・接合

剪力牆

樓板組・屋架組

構架計畫

地盤・基礎

層間變位角是剛度的指標

> **POINT**
> ➤ 層間變位角小則建築物搖晃度小，這是耐震設計中用
> 來決定限制容許值的基礎

計算層間變位角的方法

建築物受到水平力作用之後，其垂直斷面會呈現如圖1的變形，此時各層變形的角度就稱為「層間變位角」。層間變位角是做為判定建築物強度（剛度）的指標。計算層間變位角的方法如以下說明。

一樓的層間變位角，是將一樓樓板面與二樓樓板面之間的水平位移差，除以一樓樓高所得出的數值。一般來說，當我們在分析構造的時候，是將一樓的樓柱腳部分視為支撐點，水平力作用於二樓樓板與屋頂面後產生位移，而一樓樓板並不移動。因此，一樓的層間變位角可視為二樓樓板的水平變形量除以一樓的樓層高度。舉例來說，二樓樓板的水平變形量是3公分而一樓樓高度為3公尺高，層間變位角就是1／100弧度。

在二樓的部分，則是討論從二樓樓板到屋架之間的的變形量。也就是，從屋架樑與桁樑的水平變形量減二樓樓板面的水平變形量，兩者的差再除以二樓樓高所得的數值，就是二樓的層間變位角。

層間變位角的限制容許值

關於木造層間變位角的限制容許值規定，在震度六以下的中型地震中，數值必須在1／120弧度以下（日本建築基準法施行令第82條之2），而大地震時需在1／30弧度以下（日本平成12年建設省告示第1457號）[3]。但是透過實際試驗後得知，以傳統構造方式建造的建築物，有許多在大地震時的層間變位角即使超過1／10仍未倒塌的案例。

我們很難預測在建築物存在的期間是否會遇到大地震，但是為了對少見的大地震有所因應，在耐震設計必須以「建築物的損壞雖在所難免，但須能守住生命財產的安全」為宗旨來確立目標。換言之，大地震發生時，若柱子可以承受垂直載重的話，那麼即使建築物出現大幅傾斜也不至於毀壞。因此，為了使構件不在樑端部的接口處被拉開，必須確實做好接合部位的固定工作。

譯注：
3.台灣對於建築物耐震設計的法規，在「建築技術規則」的建築構造篇第一章第五節有通則性的規範，但無針對各種構造形式在層間變位角的特別規定，也無對應中型地震、大型地震的相關規範。僅在「建築物耐震設計規範及解說」中規定每一樓層與其上、下鄰層之層間相對側向位移角，其值不得超過0.005，此為通用的設計原則。

> 圖1　關於層間變位角

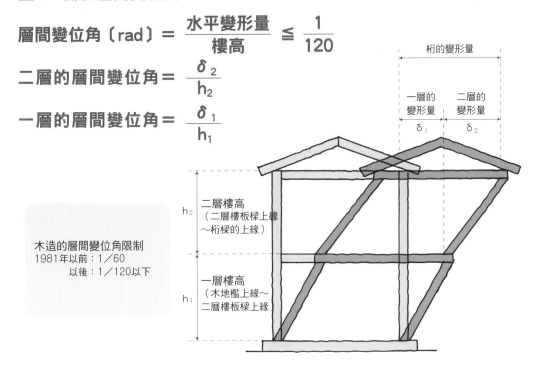

$$層間變位角〔rad〕= \frac{水平變形量}{樓高} \leqq \frac{1}{120}$$

$$二層的層間變位角 = \frac{\delta_2}{h_2}$$

$$一層的層間變位角 = \frac{\delta_1}{h_1}$$

桁的變形量

一層的變形量　二層的變形量

δ_1　δ_2

木造的層間變位角限制
1981年以前：1／60
以後：1／120以下

h₂ 二層樓高
（二層樓板樑上緣
～桁樑的上緣）

h₁ 一層樓高
（木地檻上緣～
二層樓板樑上緣

> 圖2　力與變形量的關係

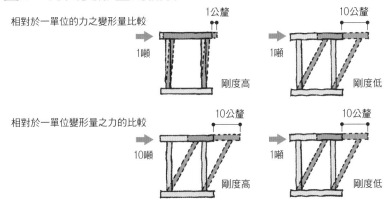

相對於一單位的力之變形量比較

1公釐

1噸　剛度高

10公釐

1噸　剛度低

以相同力施壓時的變形量差異，變形量小的構架具有較高的剛度。

相對於一單位變形量之力的比較

10公釐

10噸　剛度高

10公釐

1噸　剛度低

反之，達到相同變形量所需要的力，較高者是剛度高的構架。

> 表　耐震設計的基本理念

設計方針	木造的容許變位角
對於偶而發生的中小型地震，建築物不會出現損害（1次設計[4]）	1／120 rad以下
對於極少發生的大地震，建築物難免出現損傷，但是不會倒塌，可以保障人員的生命與財產安全（2次設計[5]）	1／30rad以下

譯注：
4.構造設計中僅就各構材強度進行計算，控制各種應力在要求值以內，稱為一次設計。
5.是構造設計中進一步提升構造性能等級的概念。除確保達到要求的性能之外（一次設計），進一步檢討整體構造內的材料性能是否達到一致性，避免因為局部破壞而影響全體建築物性能，稱為二次設計。

力・木材　構架・接合　剪力牆　樓板組・屋架組　構架計畫　地盤・基礎

木造與 RC 造、鋼骨造的差異

POINT
> 木造是藉由接合部組構而成的高彈性構造體
> 因建築物的重量輕，因此基礎也較輕量

主要的材料特徵

構成建築構造體的材料雖然有很多類型，但其中最具代表性的有木材、混凝土、鋼材這三種。

木材是強度較低的材料，容易形成脆性破壞，比重方面也相當輕。

混凝土則是由水泥、骨材、水等元素混合而固化的材料，強度雖高但也屬於容易產生脆壞的材料。特別是，混凝土雖然具備對抗壓力的強度，但是對抗拉力時就變得相當脆弱。此外，混凝土也是比重大的構材，構造體完成後的重量相較於其他材料要來得重。

鋼材是強度高、且黏性強的材料，但因為它的比重較大，因此施工上傾向先將厚度薄化後再使用，盡可能以輕量化的方式來製造。構造用的鐵料成形後就稱為鋼材。

做為構造體的特徵

建築物的主要構造型式有木造（W造）、鋼筋混凝土造（RC造）、鋼骨造（S造）這三種（圖1～3）。

木造是將長度約4公尺左右的木材組合成的骨架。各個部材雖然脆弱，但是因為有接合部的關係，因此是黏性非常高的構造體。此外，建築物的重量相對很輕。因為剛度低，建築物非常容易搖晃（緩慢晃動），是屬於柔軟度很高的建築物類型。

鋼筋混凝土造是在混凝土中配置補強用鋼筋來構成構架。在鋼筋綁紮完成後再組立模板，隨後倒入液狀的混凝土，將整體固化形成一體化構架。建築物的重量相對較重。因為整體剛度高，不容易搖晃（小幅度搖晃），是硬度高的建築。

鋼骨造是利用H型、或口字型的鋼材組合而成骨架。接合部位可利用焊接、或螺栓來連接，這兩種做法都能讓構造體形成高度一體性。建築物的重量較輕，構造體的剛度與韌度也都很高，是屬於較易搖晃的建築類型。

中度地震時的層間變位角（參照第34頁）容許值方面，木造建築必須在1／120以下，而RC造與鋼骨造則必須在1／200以下，也因此透露出木構造建築是屬於黏性較高的建築。

> **圖1　木構造（W構造）**

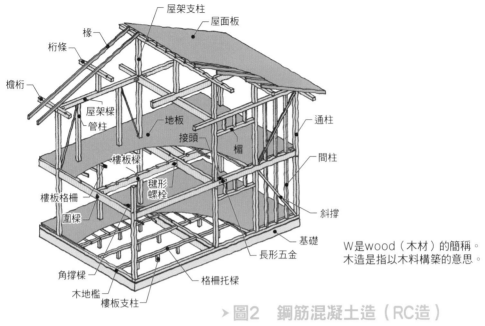

桁條
椽
屋架支柱
屋面板
檐桁
屋架樑
管柱
地板
接頭
通柱
楣
間柱
樓板樑
樓板格柵
鍵形螺栓
圍樑
斜撐
基礎
角撐樑
木地檻
樓板支柱
格柵托樑
長形五金

W是wood（木材）的簡稱。
木造是指以木料構築的意思。

> **圖2　鋼筋混凝土造（RC造）**

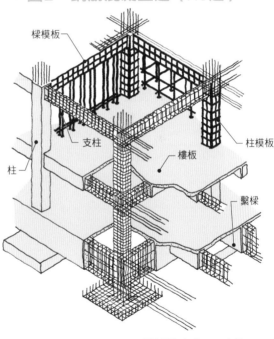

樑模板
支柱
柱
柱模板
樓板
繫樑

RC是Reinforced Concrete
（鋼筋混凝土）的簡稱，以鋼
筋來補強混凝土強度的意思。

> **圖3　鋼骨造（S造）**

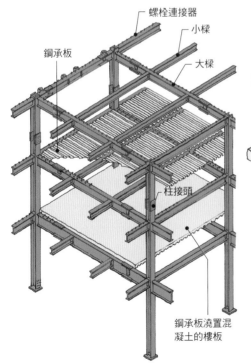

螺栓連接器
小樑
鋼承板
大樑
柱接頭
鋼承板澆置混
凝土的樓板

S是Steel（鋼）的簡稱。

力・木材
構架・接合
剪力牆
樓板組・屋架組
構架計畫
地盤・基礎

37

樹種不同，性質也不同

針葉樹與闊葉樹

木材可大致區分為針葉樹與闊葉樹（圖1）。

多數的針葉樹因木材纖維挺直，相對來說較容易進行加工。因此，不僅做為柱、樑等構造材料來使用，也被頻繁地做成家具、或細木作的材料。主要的樹種包括杉木、檜木、鐵杉等。

闊葉樹又被稱為硬木。闊葉樹不容易進行加工，但因為樹種具有多樣化的質地，因此主要用來做為木作材料。雖然櫸木與栗木也會做為構造材來使用，但主要還是做為接榫、暗榫、楔形物等構材間的接合部分來使用。

部位的名稱

從木材的斷面來看，有①纖維方向、②半徑方向（與纖維垂直的方向）、③年輪的切線方向這三個方向（圖2），並且擁有各自的稱呼。在纖維垂直方向切斷的面稱為「木口面」；沿著髓線的方向縱向切斷的面稱「直紋面」；沿著樹皮附近縱向切斷的面稱為「板目面」。

樹木隨著生長變化，會在中心部分出現紅色與黑色的變色現象。這個變色部分稱為心材，而外側未變色的部分稱為邊材。強度以邊材較高，但因邊材富有生長所需的養分與水分，容易受到白蟻與腐菌的侵害。另一方面，心材部分則包含較多不易受腐菌與蟲害影響的成分。

因此，建築物的木地檻、及在有水的場所附近，必須使用耐水性高如柏、檜等的樹種，並且選擇心材來使用。

用於木造建築的主要樹種、以及在柱樑構架式工法的使用方式，以左表來表示。在構造理論上，材料的強度是對應楊氏係數（參照第32頁）來進行斷面設計，與使用何種材料並無關連，但在實際應用時也必須同時考慮乾燥後的木材性質、成本、市場流通性、防蟻害、防腐性等相關因素。

▶圖1　針葉樹與闊葉樹的比較

針葉樹的年輪較為明顯，而闊葉樹依據其木口面可見的「管孔」狀態，分為環孔材、散孔材、放射孔材三種類型。

	針葉樹	闊葉樹
樹幹纖維	假導管 早材管徑較大，晚材[6]管徑較小且細胞壁較厚 → 年輪明顯	導管（水分的通道）
樹幹斷面	年輪	散孔材（櫻）　環孔材（櫸木、栗木、白臘樹）
心材與邊材	邊材（白肉）　心材（紅肉） 導管在從邊材逐漸變成心材時，因色素與木質素沈澱而產生顏色。	邊材（白肉）　心材（紅肉） 原木中的酵素因與空氣中的氧氣接觸而產生顏色。

▶圖2　木材的構成

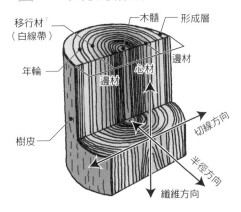

移行材[7]（白線帶）　木髓　形成層　年輪　邊材　心材　樹皮　切線方向　半徑方向　纖維方向

從照片可看出，杉木與檜木受到白蟻侵蝕的損害時，只出現在邊材（白色部分）部分，但不會影響到心材（紅色部分）部分。

受到白蟻啃蝕的侵害

▶表　樹種與使用的合適部位

○：合適　△：部分合適

部位	針葉樹									闊葉樹				
	日本國產材					進口材								
	杉	檜	赤松黑松	柏	落葉松	美檜	美杉	美松	美鐵杉	櫸	栗	橡	櫟	杉毛櫸
柱	○	○							○	△				
梁	○		○		○					△	○			
木地檻		○		○		○		○				○		
斜撐	○								○					
樓板格柵	○		○		○			○						
椽	○		○											
屋面地板	○	○△	○		○									
格柵托樑	○	○	○					○					○△	○△
角撐樑 角撐木地檻	○	○		○	○			○	○					
栓類												○	○	○

譯注：
6.日照時間的延長與苗長素合成較盛的時期會形成早材、或稱春材，而日照期間短與苗長素合成減少時，會形成晚材、或稱秋材。
7.介於心材與邊材之間的部分。

力・木材　構架・接合　剪力牆　樓板組・屋架組　構架計畫　地盤・基礎

實木以外的木質材料

> **POINT**
> ➤ 木質材料是以乾燥後的小片木材膠合而成，尺寸安定性高，而且性能變異的情形較少見

代表性的木質材料

將剝皮圓木裁切成長方形、或正方形的斷面之後加以利用，又或者是以剝皮圓木做為構材來應用的方式，都稱為製成材。圓木製作成製成材前，要經過製成變形與符合使用部位的性能要求等考量因素後，才能進行裁切製作。不過，做為板材與構造材的斷面所使用的圓木，至少需要五十年以上的時間來培育。

因此，為了提高疏伐材等小幹徑材料與廢棄材的有效利用，出現了以膠合方式進行加工成料（木質材料）的開發。其中代表性的材料包含構造用集成材、構造用合板、LVL、OSB、及MDF等（圖）。這些是將木材以薄片、或細料的方式裁切，待完全乾燥後進行膠合，甚少出現性能變異、收縮、翻折、或扭曲的情況，具有尺寸安定性高的優點。

構造用集成材是將鋸下來的板材（薄板）堆疊膠合而成，可以自由地製作成不同斷面尺寸與形狀，做為柱、樑、拱等的使用。

構造用合板是將單片木板以纖維相互垂直的方式堆疊膠合成的板材，主要用在樓板、壁面、與屋頂底材等處。日本農林規格[8]（Japanese Agricultural Standard，JAS）對於板材規格有相關的規定。

LVL（Laminated Veneer Lumber，單板積層材）是將薄板以平行纖維走向的方式積層膠合成板材，可做為樑、格柵、I形樑的凸緣等的材料。

OSB（Oriented Strand Board，定向纖維板）是北美開發出來的材料，將木材削成繩狀碎片後膠合成板狀。JAS以構造用板材的名稱訂定相關規格，做為樓板與剪力牆（參照第110頁）的使用。

MDF（Medium Density Fibreboard，中密度纖維板）是將木材纖維化之後膠合成的板材，在日本工業規格（Japanese Industrial Standards，JIS）[9] 有相關規定。主要做為內裝材來使用，也可運用在剪力牆的製作上。

譯注：
8.JAS是日本的農業標準化管理制度。由日本農林水產省制定的《農林物質標準化及品質標識正確化法》（以下簡稱品確法）所建立的規範，對日本農林產品及相關加工產品進行標準化管理的制度。
9.JIS是日本工業標準化法的規定。由日本工業標準調查會組織制定和審議，涉及到各個工業領域，為日本國家級標準中最重要、最權威的標準。

➤圖　代表性的木質材料與製造過程

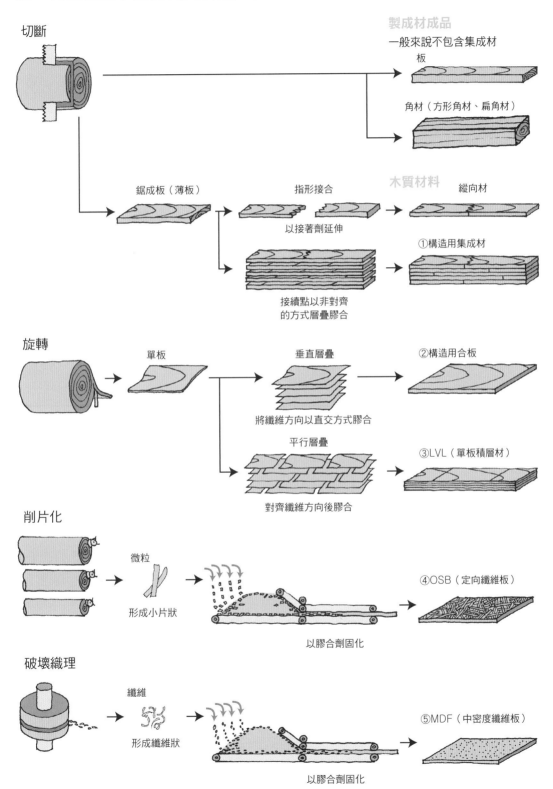

切斷

製成材成品
一般來說不包含集成材
板
角材（方形角材、扁角材）

鋸成板（薄板）　　指形接合　　　木質材料　　縱向材
以接著劑延伸
①構造用集成材
接續點以非對齊
的方式層疊膠合

旋轉
單板　　　垂直層疊　　②構造用合板
將纖維方向以直交方式膠合
平行層疊　　③LVL（單板積層材）
對齊纖維方向後膠合

削片化
微粒
形成小片狀
以膠合劑固化
④OSB（定向纖維板）

破壞織理
纖維
形成纖維狀
以膠合劑固化
⑤MDF（中密度纖維板）

異向性是木材最大的特性

POINT

▶ 木材依據不同方向會有乾燥收縮與強度上的差異
▶ 理解方向性並以最大限度活用這些特性

異向性與木材的收縮和強度

木材與屬於工業材料的鋼材、及混凝土不一樣，木材會因為方向的不同而產生不同的特性。這是木材的最大特徵，稱為異向性。

如第38頁所述，木材具有纖維、半徑、切線等三種方向，即使是同一材料，也會因為方向的不同而造成乾燥收縮、強度、及楊氏係數的不同。

乾燥收縮

所謂乾燥收縮是指木材在乾燥過程中產生的收縮現象。切線方向是最容易產生收縮的方向（圖1），因此像 b 跟 f 這種直紋材，樹皮側的厚度會比中心部的厚度還要薄。而 d 這種包含表層與裡層兩部分的材料，由於靠近樹皮表面的收縮較大，因此會向表面產生彎曲，做為角材使用時也同樣會出現收縮。

強度

在木材的強度方面，當載重方向與纖維方向平行時，強度比較高，若與纖維方向垂直的話相對較低（圖2）。此外，在與纖維垂直方向上施加壓力會產生壓陷力，因此造成壓陷的破壞狀態（參照第26頁）。

纖維方向與構造特性

從實際面來討論異向性，就木料中插有鐵板、以及用螺栓接合的接合部位為例（圖3）。

如果在①的鐵板上施加拉力，螺栓會壓陷纖維的垂直方向，最後導致木材從螺栓固定處分裂而形成破壞，這是非常脆性的破壞狀態。

另一方面，如果在③的鐵板上施加拉力，螺栓則會在纖維方向上壓陷，然後導致木材從螺栓部位向纖維方向扯出破裂。此時螺栓到木材端部的距離如果過短，就會造成脆性破壞，必須特別注意並確保這一段距離的有效性，才能將木材特有的黏性發揮出來。

如果在②的鐵板上施加拉力時，木材會產生介於①跟③之間的強度。因此可知，拉力與纖維形成的角度如果是90度，就是①的狀態；如果與纖維形成0度的角度，則是③的狀態。

➤ 圖1　收縮的異向性

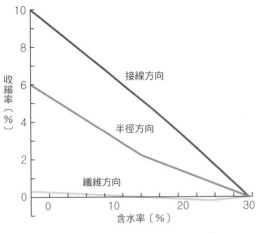

出處：「2001木材乾燥手冊」（日本木材乾燥施設協會）

與乾燥相關的變形　---- 乾燥前　—— 乾燥後

ⓐ含心材的角材
（有開口）

ⓒ去除心材的角材
（橫向紋）

ⓔ去除心材的角材
（四方紋）

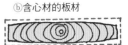
ⓑ含心材的板材

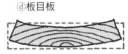
ⓓ板目板

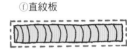
ⓕ直紋板

➤ 圖2　強度的異向性

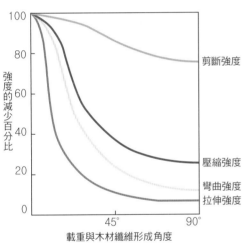

剪斷強度
壓縮強度
彎曲強度
拉伸強度

出處：「對現場有幫助的建築用木材・木質材料的性能知識」
（財團法人日本住宅・木材技術中心）

載重的方向
與纖維形成0度角

載重方向
與纖維形成90度角

纖維方向

纖維方向

壓力 → 壓陷
拉力 → 分裂

載重方向
與纖維形成45度角

纖維方向

➤ 圖3　纖維方向與構造特性

纖維方向

螺栓

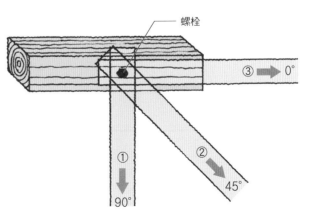

與纖維形成角度	強度
①	90°	低
②	45°	↕
③	0°	高

力・木材　構架・接合　剪力牆　樓板組・屋架組　構架計畫　地盤・基礎

43

含水率與潛變

> 含水率高對於腐朽、蟻害、及尺寸安定性有所影響
> 未乾燥材料會有較大的潛變量

何謂含水率

含水率指是水分與木材本身重量的比率（圖1）。木材所含有的水分包括可以在細胞之間自由移動的「自由水」、以及含於細胞壁中的「結合水」二種。

這二種含水中，自由水的多寡會影響木材的重量，而結合水的變化則大大影響木材體積、以及性質。此外，去除自由水、而以結合水讓細胞呈飽和狀態，稱為「纖維飽和點」，完全不含水的狀態稱為「全乾狀態」。

若長時間放置的話，木材會因應外在空氣濕度，使內部水分釋放、或吸收空氣中的水分以保持平衡的狀態。此時的含水率就稱為「平衡含水率」[10]，在日本以15％左右的數值來表示，與樹種並無直接關連。

選用材料的時候，會希望使用已經十分乾燥的材料（乾燥材），理由有下面幾點：
① 防腐
② 防止白蟻蝕害
③ 減少裂壞
④ 減少潛變

其中①和②是為了防止斷面減損，而③和④主要是確保尺寸的安定性。

何謂潛變

如果木材長時間受到一定載重的作用就會慢慢產生彎曲，此現象稱為潛變（圖2），也稱為潛變變形、或潛變現象。就木材而言，受到施工時的含水率、以及所在場所的溫濕度的影響，對材料潛變造成一定程度的作用。例如圖3是針對美松未乾燥材與美松乾燥材進行潛變試驗的結果。對應於初期變形量1來看，乾燥材呈現2～2.5倍的變形量，而未乾燥材則達到3.5～4倍的變形量。

此外，在建築基準法中也針對木造的長期荷重而規定變形增大係數需以2倍來進行設計。（日本平成12年建設省告示第1459號）[11]

譯注：
10.台灣規定結構用的木材應採用乾燥的木材，平均含水率需在19％（含）以下。
11.台灣對於木材的潛變，在「木構造建築物設計及施工技術規範」中，針對潛變有以下的設計建議：有固定的持續載重作用時，在空氣乾燥的狀態下，變形以2倍來進行設計；而處於濕潤、或乾濕重複的條件之下，變形以3倍進行設計。

44

➤圖1 含水率

①何謂含水率

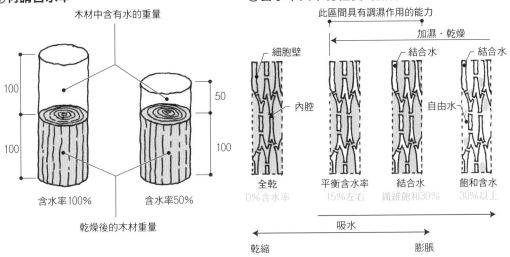

木材中含有水的重量

含水率100%　含水率50%

乾燥後的木材重量

②含水率與木材性質的關係

此區間具有調濕作用的能力

加濕・乾燥

細胞壁　結合水　結合水

內腔　自由水

全乾　平衡含水率　結合水　飽和含水
0%含水率　15%左右　纖維飽和30%　30%以上

吸水

乾縮　膨脹

➤圖2 潛變現象

在相同載重的情況下，經長時間作用而逐漸產生彎曲的狀況稱為潛變現象。

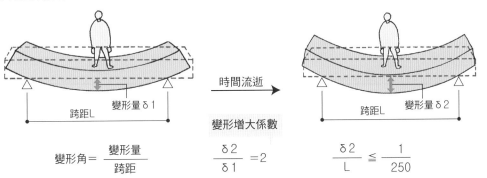

時間流逝

變形量δ1　跨距L

$$變形角 = \frac{變形量}{跨距}$$

變形增大係數

$$\frac{δ2}{δ1} = 2$$

變形量δ2　跨距L

$$\frac{δ2}{L} \leq \frac{1}{250}$$

➤圖3 乾燥材與未乾燥材的潛變試驗結果

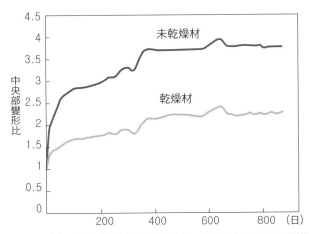

中央部變形比

未乾燥材

乾燥材

200　400　600　800（日）

出處：「框架構造體的變形行為報告書」（財團法人日本住宅・木材技術中心）

初期變形量1，乾燥材的潛變形約為2倍，未乾燥材約3.5倍。從這張圖表可看出，乾燥過後的木材會出現較小的變形量。

如果不得已必須使用未乾燥材的時候，加大斷面尺寸以減少初期變形量，會是比較好的做法，如此一來潛變變形也會相對減少。

例如，如果將初期變形量設定為0.5，潛變變形則為0.5×3.5＝1.75，可以獲得與乾燥材幾乎相同的變形數值。不過在這種情況下，必須採用能夠對應乾燥收縮的接合方式與施工方法，這是相當重要的原則。

力・木材　構架・接合　剪力牆　樓板組・屋架組　構架計畫　地盤・基礎

不同乾燥方法產生的構造特性

二種乾燥方法

　　將木材乾燥的方式有自然乾燥與人工乾燥二種方法。

　　自然乾燥的方式是將原木以大體積的製材方式製作成構材後，將材料堆疊起來放置在通風良好的場所，經過約六個月左右的時間慢慢乾燥，這方式也稱為天然乾燥法。自然乾燥的木材在表面乾燥後，內部水分才會慢慢去除，因此表面會發生乾裂的現象（圖①）。此外，由於斷面較大的緣故，要使中心部分達到乾燥狀態比較困難，因此有事先在材料上製作剖痕（參照第68頁）來協助乾燥的做法（圖②），乾燥後的含水率約在20％～25％左右。

　　另一方面，人工乾燥是以人工的方式加熱，一邊調整溫度與濕度對木材進行乾燥，至今已經開發出許多乾燥法。木頭達到完全乾燥的時間約需一週～一個月左右。

　　人工乾燥又因乾燥溫度的不同，分為高溫乾燥（100°C以上）、中溫乾燥（約80°C）、及低溫乾燥（50°C以下），溫度愈高愈早達到乾燥程度（溫度的目標）。

　　以高溫乾燥進行乾燥的木材，雖然表面不產生裂痕，但是內部非常容易出現裂紋（圖③）。木材一旦高溫受熱，具有表面水分去除後產生收縮硬化的性質，此後要再除去內部水分時，因受到斷面外形已經固定的限制，無法產生體積變化而導致內部產生裂紋。

　　就構造特性來說，比起自然乾燥的材料，高溫乾燥的木材因為表面硬化的緣故，在強度上的表現相對較高。但是依據情況不同，在受到不穩定的破壞時，仍然可能出現高溫乾燥材的材料耐力比自然乾燥材還要低的情況（如照片所示）。近年來為使施工合理化[12]，木材幾乎不進行加工而是完全以五金構件來接合的案例也十分常見。因為傳統的開口、接頭等諸多做法都是將木材進行切割後再加以接合，如果在內部裂痕的地方進行力的作用時，原有的材料性能會因此無法發揮出來。

　　此外，就自然乾燥材的乾裂而言，只要是非貫通性的裂痕就不會對材料強度產生影響。

譯注：
12.近年由於建築形體的變化，也多少引發木造建築在構架表現上的嘗試與突破，沿襲已久的接頭方式可能隨著木造形體的變化而有所限制。現在工廠可透過CAD技術進行設計、生產大量的金屬構件，逐漸取代傳統耗時、耗工的接合方式。另一方面，受到工期限縮、施工效率、以及成本考量的因素影響之下，也有逐漸以五金構件替代傳統接頭的趨勢。

➤ 圖1 各種乾燥方法與特徵（乾燥材的斷面比較）

①自然乾燥

材料表面出現裂痕。

②剖痕

除了剖痕之外，另外三個面不會有裂痕產生。

③高溫乾燥

在內部產生裂紋，但材料表面無裂紋。

➤ 表 針對杉木心柱材進行的各種乾燥法比較

乾燥方法	溫度	特徵・問題點	乾燥日數
自然乾燥	常溫	必須有廣大的腹地與資金，難以防止裂紋的產生。	150
除濕乾燥（低溫）	35—50	處理方式簡便，耗時。	28
蒸汽式乾燥（中溫）	70—80	標準方法，可利用各種燃料，必須縮短處理時間。	14
蒸汽式乾燥（高溫）	100—120	乾燥速度快。若設備的耐久性不穩定時，容易產生內部裂紋與材料顏色變化。	5
煙燻乾燥	60—90	可利用回收廢材，燃料費低。但品質管理不易，設置場所受限。	14
高週波・熱風複合乾燥	80—90	乾燥速度快。含水率均質，若沒有達到一定規模以上，則設備費用分攤率高。	3
蒸煮・減壓前處理 →自然乾燥 →蒸汽式加工乾燥	120 10—30 70—80	設備的週轉快速，具有防止裂紋產生的效果。放置於屋外的時間長，需要較多的材料存放空間。	0.5 30 4
自然乾燥 →高週波加熱，減壓乾燥 →自然乾燥	10—30 50—60 10—30	人工乾燥處理一日即可完成，材料顯色佳，可進行自動化操作。乾燥處理量不多時利潤比較低，需要較多的材料存放空間。	10 1 10

測試對象：杉木心柱材、完成尺寸105公釐角材、無剖痕／完成含水率：20%以下／乾燥日數：概略值
出處：「木材工業・51」（森林綜合研究所・久田卓興）

➤ 圖2 樑材的彎曲性能概念圖

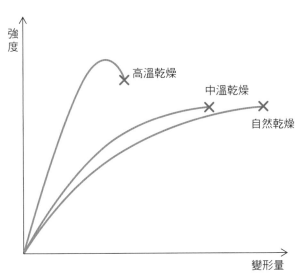

強度

高溫乾燥

中溫乾燥

自然乾燥

變形量

乾燥法不同所引發的榫頭破壞性狀

高溫乾燥材的裂痕產生與纖維本身無關。

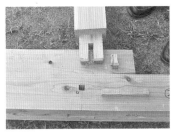

自然乾燥材沿著纖維產生裂紋。

缺陷對強度的影響

> 如果在作用力大的地方出現樹節、切口、裂縫、或質量不足等缺陷，木材強度會顯著下降

三種代表性的缺點

在構造上產生問題的木材，主要的缺陷分為三種，①樹節、②切口或裂縫、③質量不足。這些缺陷如果出現在作用力大的部位，構造的強度會明顯降低。

舉例來說，在樑的中央部位會有巨大的彎力，若仔細觀察這個部位就會發現，樑的上緣會產生壓應力，而下緣則產生拉應力（參照第26頁）。如果在這個拉應力、壓應力產生的範圍內出現樹節的話，樑會從樹節處裂開破壞（圖1①）。有切口的情況也是如此，會從這個地方裂開（圖1②）。同樣地，如果這部分的木材質量不足的話，也容易在此處產生裂壞（圖1③）。再者，如果木材質量不足時，從樑的側面可以看到橫向分布的年輪纖維在此處是不連續的。

樑的支撐點處也是作用力很大的地方，若在此出現鑿口也容易產生撕裂破壞（圖1④）。

不過，在實際的建築物裡，承接小樑的樑上是設有鑿口的，可以透過實驗來確認鑿口在受到彎應力作用時會呈現何種性質狀態。

如圖2①所示，在樑的上方做出切口的話，由於剩餘的斷面面積變小，壓力在樑上方崩解，強度明顯下降。但若在缺口部分是以直交的樑穿過，就能確保承受壓力的斷面面積，強度降低的狀況也會減少（圖2②）。不過，如果是承接樑深相同的樑時，需注意剩下的斷面尺寸是否太少（參照第76頁）。

產生問題的樹節與不會產生問題的樹節

樹節是將樹枝去除後所看到的部分。若樹節的眼目密度很高就稱為「生節」，這在構造上幾乎不會造成問題（也需視大小、數量而定）。而已經變成空洞的樹節就稱為「死節」，這是樹木在生長過程中，枝幹乾枯掉落所導致的樣態，在構造上被視為缺陷並會影響結構強度。

> 圖1　依據不同木材缺陷所產生的樑破壞

①樑中央部位下緣的樹節

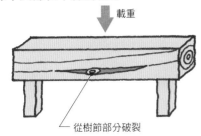

從樹節部分破裂

②樑中央部位下緣的缺口

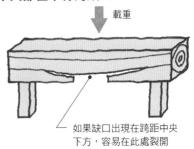

如果缺口出現在跨距中央下方，容易在此處裂開

③樑中央部位下緣的質量不足

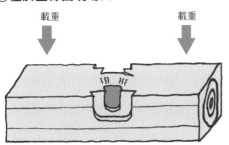

跨距中央部分如果材料的質量不足，容易在此處產生裂紋

④支撐點附近的缺口

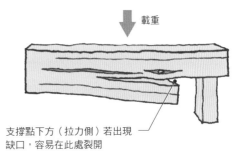

支撐點下方（拉力側）若出現缺口，容易在此處裂開

> 圖2　針對樑切口進行的實驗

①僅於上緣出現切口

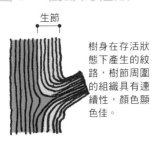

由於上緣所剩餘的斷面面積明顯變小，會產生壓力破壞。

②於上緣插入直交樑

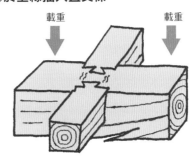

由於小樑也能共同抵抗出現在樑上緣的壓應力，因此不會壓壞此樑。最終是以下緣能否抵抗拉力破壞來決定此樑的性能。

> 圖3　樹節的種類

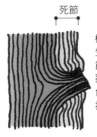

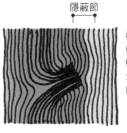

生節

樹身在存活狀態下產生的紋路，樹節周圍的組織具有連續性，顏色顯色佳。

死節

樹身枯落所產生的紋路，樹節周圍組織斷裂，接近黑色，容易因拉拔而脫落。

隱蔽節

樹節隱藏於樹幹內部，與年輪捲繞而生，呈現紊亂的狀態。

力・木材　構架・接合　剪力牆　樓板組・屋架組　構架計畫　地盤・基礎

49

依據 JAS 的等級區分 [13]

POINT

> JAS 將構造用製材分為目視等級與機械等級兩種，並且針對用途目的來制定容許的缺陷值

針對木材加工的規格，日本訂有所謂的JAS（二〇〇七年八月修訂），包含①加工用製材、②目視等級區分構造用製材、③機械等級區分構造用製材、④基礎用製材、⑤闊葉木製材這五種規格。其中，用於建築物主要構造部分的製材規格為②與③。

目視等級區分

所謂目視等級區分構造用製材，是指用目測的方式來檢視樹節、軀幹等部位是否出現缺點而進行等級劃分的做法。對於構造上的性能要求，依次分為三種類型（表）。

主要使用在彎曲性能要求較高的部位例如樑、橫向材等構件，劃為甲種構造材；主要使用於抗壓性能要求較高的部位例如柱材，則劃為乙種構造材。甲種構造材又依據材料斷面的大小區分成構造用Ⅰ類與構造用Ⅱ類兩種。構造用Ⅱ類是指短邊在36公釐以上、長邊在90公釐以上的材料，其他沒有達到此規格的小斷面材料全部歸類為構造用Ⅰ類。

機械等級區分

所謂機械等級區分構造用製材，是指利用楊氏係數來測定並依據此數值劃分等級，等級劃分以二十刻度為單位，從E50至E150。除楊氏係數的測定之外，也包含對於樹節、樹節集中度、木料軀幹、貫通性裂紋、節目周邊、腐朽等的相關規定，並且針對保存處理、含水率、尺寸誤差、規格項目標示等也有相關規定。另外，針對加工用製材所訂定的項目，如美觀性（四周無樹節）等的規定也適用於構造用製材。

含水率的標示僅針對人工乾燥材訂定，不包含自然乾燥材。完成材含水率分為15％以下（SD15）、及20％以下（SD20），未完成材含水率則分為D15、D20、D25（25％以下）等。

實際用於建築物中的建材，雖然不一定要是JAS規格的產品，但針對受力較大的材料來說，仍需以這樣的標準來進行品質管理。此外，具備目視來區分與使用木材的能力也是實務中相當重要的環節。

譯注：
13.台灣針對木構造材料與其容許應力的規範，在法規「木構造建築物設計及施工技術規範」中有詳細的說明與規定。其中，結構用木材的等級區分為普通結構材與上等結構材兩種，而針對相關材種、製材分等、尺度、材料標準、材質控制、材料保護、分組標示、以及性能認證等，在中華民國國家標準（CNS）中有更進一步的詳細規定。

▸表 JAS的「目視等級區分構造用製材」規格

乙種構造材（柱）的材料面品質基準

區　分	基　準			備　註
	1 級	2 級	3 級	
樹節	直徑比 30%以下 （圓柱類 26%以下）	直徑比 40%以下 （圓柱類 35%以下）	直徑比 70%以下 （圓柱類 62%以下）	樹節的直徑比 (%) = $\frac{d}{W} \times 100$
集中節	直徑比 45%以下 （圓柱類 39%以下）	直徑比 60%以下 （圓柱類 53%以下）	直徑比 90%以下 （圓柱類 79%以下）	A的集中節直徑比 = $\frac{d_1+d_2}{W} \times 100$ B的集中節直徑比 = $\frac{d_3+d_4+d_5}{W} \times 100$ 將15公分區間內所涉及的樹節視為集中節，A與B兩者間較大的數值是為集中節直徑比。
軀幹	10%以下	20%以下	30%以下	$\frac{AB+CD}{W_1} > \frac{AE}{W_2}$ 軀幹 (%) = $\frac{(AB)+(CD)}{W_1} \times 100$
貫通性裂紋 橫斷面	斷面的長邊尺寸以下	斷面的長邊尺寸的1.5倍以下	斷面的長邊尺寸的2.0倍以下	A、B = 為裂紋長度 裂紋長度 = $\frac{A+B}{W}$ 具有兩個木材斷面時，以兩斷面中最長的長度來測定。
貫通性裂紋 表面	無	材料長度的1/6以下	材料長度的1/3以下	A、B = 為裂紋長度 裂紋長度 = $\frac{A+B}{W}$ 同一材料中若有兩個以上的貫通性裂紋時，以最長的裂紋來測定。
樹節周圍	橫斷面短邊尺寸的1/2以下	橫斷面短邊尺寸的1/2以下	—	在基準中，僅針對1級、2級限制短邊長度1/2以下的深度，3級未加以限制。但是，若有兩個端部時，需計算各端並加總合計。 A=節目周圍的長度
纖維方向的斜率	1：12以下	1：8以下	1：6以下	相對於每1公尺的材料長度方向上，測定纖維走向的傾斜最大高度比。
腐朽 程度輕微的腐朽面積	無	存在材料表面的10%以下	存在材料表面的30%以下	——
腐朽 程度嚴重的腐朽面積	無	無	存在材料表面的10%以下	——
彎曲度	0.2%以下 （裝修材為 0.1%以下）	0.5%以下 （裝修材為 0.2%以下）	0.5%以下 （裝修材為 0.2%以下）	彎曲度 (%) = $\frac{CD}{AB} \times 100$ CD：最大弧度高
偏差與其他缺陷	輕微	不出現明顯缺陷	不影響利用	——

除上述項目之外，另有關於平均年輪寬度的規定。
目視等級區分構造用製材的等級以★記號表示，最高品質的1級標記為★★★。

依據 JAS 的尺寸規格

POINT

> 材料斷面在 90 公釐以上，以 1 寸為單位來劃分。柱長以 3 公尺、6 公尺為基本尺寸，樑長以 4 公尺為基本尺寸

製材的尺寸與標示方法

ＪＡＳ對於構造用製材標準尺寸的規定如左表所示。

木材的斷面尺寸規格，是以日本國內傳統慣用的尺、寸、分為基礎訂定的。樑與柱的短邊（寬度）在90公釐以上，長邊（高度）以1寸（約30公釐）為單位刻度依次增加。格柵托樑與椽條、斜撐、板牆等厚度在15公釐以上，並以1分（約3公釐）為單位。ＪＡＳ的規格最高雖然到達390公釐，但從木材的市場流通性來看，大概是以360公釐為上限。而設計上最好盡量以300公釐以下的尺寸來規劃，是較為實際的做法。

75公釐以上的正方形斷面稱為正方形角材，長方形斷面稱為扁形角材。就結構設計者的角度來看，斷面形狀的標示方法為：柱是以Ｂ標示平面的Ｘ軸方向，以Ｄ標示Ｙ軸方向；樑則是將水平方向的樑寬標示為Ｂ，垂直方向的樑深標示為Ｄ，以「Ｂ×Ｄ」的順序來標明。

但對空間設計者而言，一般都以立面所看到的「寬度×深度」的方式來稱呼。因為空間設計者與結構設計者可能會有完全相反的標示方式，因此必須相當注意斷面的標示方向。

原木尺寸與標示方法

將剝皮圓木的側面切除，並在上部與下部保持圓木狀態的木材，稱為太鼓樑、或太鼓落架。這種材料常見於屋架等處，是利用木材的曲度來表現構架姿態時所使用的材料。

原木與太鼓樑的斷面以尾端180 ϕ 的形式來標示。靠近樹木的根部稱為底端，樹枝端則稱為頂端。因為頂部直徑會比根部稍微細一些，因此以此做為斷面的最小尺寸。

材料長度方面，基本上以1公尺為單位刻度，樑材的尺寸以4公尺最為常見，這是考慮到一般木造住宅的配置，能以兩開間（3.64公尺）來設置空間的緣故。另一方面，因應木造住宅的標準樓高以2.7公尺為基準，當柱為管柱（參照第64頁）時，其長度多以3公尺為單位。而做為通柱使用時，則常以6公尺為製材的標準，超過6公尺時就必須特別訂製。

> **圖　依據JAS制定構造用製材的標準尺**

①角材　　短邊（樑寬）

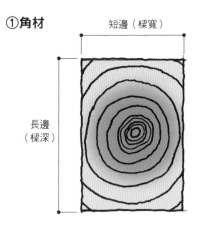

長邊（樑深）

②太鼓樑（太鼓落架）

頂端

底端

太鼓樑與原木樑是以頂端的直徑來指定，太鼓材的長邊是以頂端兩側直線部分較短的一方為準。

> **表　構造用製材的標準尺寸（符合加工材使用的規定尺寸）**

單位：mm（公釐）

橫斷面的短邊	36	39	45	55	60	66	75	80	90	100	105	120	135	150	180	200	210	240	270	300	330	360	390
15									90		105	120											
18									90		105	120											
21									90		105	120											
24									90		105	120											
27			45		60		75		90		105	120											
30		39	45		60		75		90		105	120											
36	36	39	45		60	66	75		90		105	120											
39		39	45		60		75		90		105	120											
45			45	55	60		75		90		105	120											
60					60		75		90		105	120											
75							75		90		105	120											
80								80	90		105	120											
90									90		105	120	135	150	180		210	240	270	300	330	360	
100										100	105	120	135	150	180		210	240	270	300	330	360	390
105											105	120	135	150	180		210	240	270	300	330	360	390
120												120	135	150	180		210	240	270	300	330	360	390
135													135	150	180		210	240	270	300	330	360	390
150														150	180		210	240	270	300	330	360	390
180															180		210	240	270	300	330	360	390
200																200	210	240	270	300	330	360	390
210																	210	240	270	300	330	360	390
240																		240	270	300	330	360	390
270																			270	300	330	360	390
300																				300	330	360	390

與構造用製材尺寸標示的容許誤差　（單位：mm）

橫斷面尺寸			邊長<75	75≦邊長<105	105≦邊長
人工乾燥材	加工材	加工材	−0～+1.5	−0～+2.0	−0～+2.0
		SD15	−0.5～+1.5	−0.5～+2.0	−0.5～+2.0
	未加工材		−0～+1.5	−0～+2.0	−0～+5.0
未處理人工乾燥材			−0～+2.0	−0～+3.0	−0～+5.0
材料長度在-0以上(+無限制)					

力・木材　構架・接合　剪力牆　樓板組・屋架組　構架計畫　地盤・基礎

53

防火披覆設計

防火披覆設計的舉例

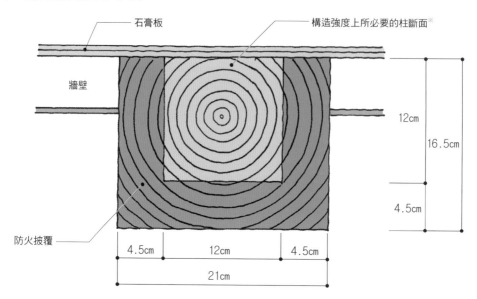

石膏板　　　構造強度上所必要的柱斷面※

牆壁

防火披覆

12cm
16.5cm
4.5cm

4.5cm　12cm　4.5cm
21cm

柱・樑的防火披覆一覽表

耐火構造種類	相關法令	集成材・LVL	製成材
大規模木造建築 （30分）	昭和62年（西元1987年）建設省告示第1901、1902號	2.5cm	3.0cm
準耐火構造 （45分）	平成12年（西元2000年）建設省告示第1358號	3.5cm	4.5cm
準耐火構造 （60分）	平成27年（西元2015年）國土交通省告示第253號	4.5cm	6.0cm

・防火披覆的設計向來僅針對大斷面集成材進行規定，但2004年公告修訂之後，製成材也能適用[14]。
・可做為防火披覆的材料適用於JAS（日本農林規格）材料。

利用防火披覆增加構材的斷面百分比

　　與鋼材相較，木材在火災發生時，其強度因溫度上升而減弱的速度較慢，受燃時表面會形成碳化層而斷絕氧氣的供給，此性質會使材料碳化的速度減緩。此外，因為木材具有這種特質，使火災發生後建築物仍可維持著框架的形態，爭取人員避難的時間。利用這種特質來增加斷面比例的思考方式，就是所謂的防火披覆設計。

　　由於無法確知何時停止燃燒，因此防火披覆設計無法適用於耐火建築物、或是耐火構造，但可適用於準耐火構造。

　　舉例來說，在準耐火構造建築物中，柱子因三個面都露出的緣故，其斷面的結構耐力必須達到120公釐×120公釐，從上表得知，準耐火構造的製材的防火披覆尺寸需為45公釐，因此三個面原有的尺寸加上防火披覆的需求尺寸之後，實際的斷面尺寸將會是210公釐（120+45+45）×165公釐（120+45）。

原注：
※扣除防火披覆後的斷面上所產生的常時應力，若能控制在短期容許應力值以下較佳。
譯注：
14.台灣對於建築的防火規範，在「建築技術規則」建築設計施工篇第三章有通用性的規範之外，針對木構造建築的材料，在燃燒炭化層、
　　防火披覆材、填充材厚度等有相關說明，另外在「木構造建築物設計及施工技術規範」第九章「建築物之防火」也有相關規定。

Chapter

構架與接合是一切根本

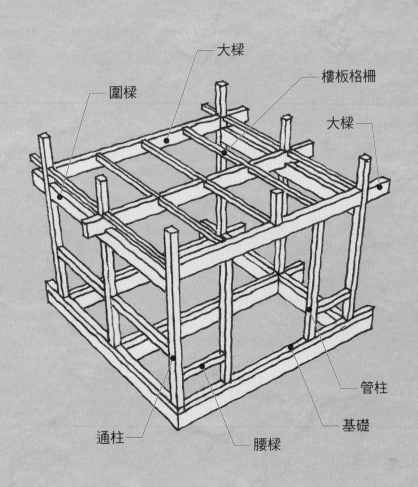

大樑

樓板格柵

圍樑

大樑

管柱

基礎

通柱

腰樑

柱、橫向材的角色

> **POINT**
> ➤ 構架是支撐建築物的骨架，由柱與樑共同構成
> ➤ 水平載重需注意受拉力作用部位的接合

構架是構成建築物基本形態的骨架，主要由柱與樑組織架構而成。

柱的角色

柱子主要扮演的角色，在於支撐經常性作用於建築物的垂直載重（圖1①）。相較於長度而言，柱子的斷面尺寸相對是小的，若施加過大載重時容易彎折，所以也就是說，若要支撐大載重時，就得將斷面尺寸加大。

柱子的次要角色是當出現水平載重時，能用來抵抗剪力牆外周框架所產生的壓應力與拉應力（圖1②）。

由此可知，柱子必須依據垂直載重與拉拔力能夠順利傳遞的方式進行配置和接合，因為這是很重要的，所以也要盡可能量使樓層上下的柱位形成連續狀態。特別是拉力的作用可能使橫向材與接合部位產生「脫離」的情形，需加以注意才行。

此外，柱子在抵抗水平力時，例如在社寺佛閣等建築類型中，直徑達240公釐以上的大柱上因有沈重的垂直載重作用著，若沒有確實與粗橫木（門楣、門框裝飾橫木等）連結起來的話，就幾乎無法發揮結構作用（參照第64頁）。

橫向材的角色

橫向材的主要功能是支撐從樓層地板與屋頂傳來的垂直載重，隨後將力量傳遞給柱子（圖2①）。

在木造中，木材的楊氏係數較低，還會受到含水率的影響，容易產生彎曲變形（參照第44頁）。而彎曲變形在屋面防漏、地板噪音、及木門開關等方面都會對居住性能產生重大的影響，設計時必須詳加考量。

在材料端部的支撐點方面，為了避免力量傳達受到阻礙，除了接合部位的形狀需要注意之外，也需要留意接頭受力而拉拔脫離的可能性（參照第76頁）。

對水平力的作用上，橫向材對剪力牆與水平樓板外周所產生的拉力與壓力，扮演著抵抗這些作用力的角色（圖2②），特別是對拉力的作用時，為了防止構材在接合部、或柱的接頭處產生脫離，必須確實做好接合的工作。

➤圖1　柱的角色

①支撐建築物的重量

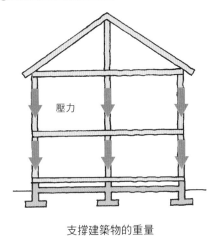

支撐建築物的重量

②做為剪力牆的框架

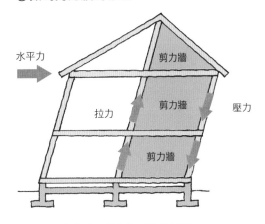

水平載重時：做為剪力牆的框架

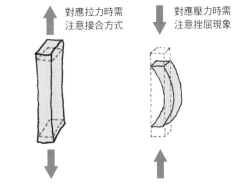

對應拉力時需
注意接合方式

對應壓力時需
注意挫屈現象

➤圖2　橫向材的角色

①將樓板載重傳遞給柱子

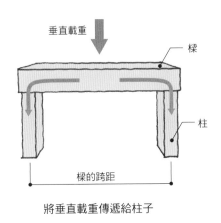

將垂直載重傳遞給柱子

②橫向材承受地板的變形

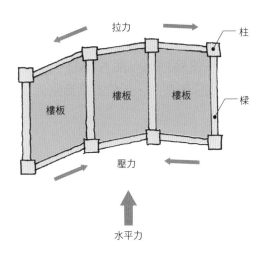

木造構架的三種類型

POINT
➤ 木構架計畫是結構計畫的第一步
➤ 進行計畫時同時思考構材長度與接合方式、剪力牆與
樓板骨架等要素

以柱貫穿？或是以樑貫穿？

從構造的觀點來談住宅構架，大致可劃分為三種類型：

①通柱構架

以一根柱子通過兩個樓層以上的連續柱稱為「通柱」（參照第64頁），在通柱上承載二樓樓板樑的構架類型，稱為「通柱式」（圖1）。一般而言，由於樑材多被製成四公尺的長度，以二開間（3,640公釐）為間隔配置通柱是較經濟的方式。但是，為了能在柱中間插入樑，除了必須考慮建構的順序，也要留意要插入樑而留設鑿口的柱斷面缺損等問題。此外，與通柱式相交的樑上部是齊整的，這固然有提高樓板面水平剛度的優點，但儘管如此，插入樑的柱斷面缺損可能造成的問題，還是必須留意的。

②通樑構架

這是以樑為優先所貫穿的形式，柱子則是全部成了「管柱」（參照第64頁、圖2）。將柱子數量較多的軸向上以下樑貫通，再在下樑上承接與之垂直相交的樑（此處採取「榫」的做法）。就鑿口形式與構造方式而言，是相對較簡單的工法。但因為是將構材堆積而成的做法，會使地板的水平剛度降低[1]。而且，雖然就構造上來說，最好盡可能延伸樑的長度，但實際上可能會因為基地的限制而必須在樑上設置接合點。遇此情形時，必須將接合處配置在應力（單位面積所承受的作用力）較小的部位，是很重要的（參照第78頁）。

③通柱與榫接的組合

這個組合方式是在垂直相交的樑所構成的面上插入柱子的形式，這種做法可以減少通柱要穿插過樑時出現樑斷面缺損的情況。與採用通樑構架時相同，需考慮是否影響地板的水平剛度（圖3）。

事實上，目前大多數的住宅構架型態，在做法上僅設置通柱，樑則視空間的跨距所需，以必要的最低限度分割組構（圖4）。由於，這樣的做法是以隔間為優先考量，而非從整體做構架計畫，固然可減少材積，但會增加接合處的數量，使施工量增加。

譯注：
1.剛度是表示材料強度與變形的用語，此處意味水平方向上的強度會降低，而導致較大變形量的出現。

➤ 圖1　通柱構架

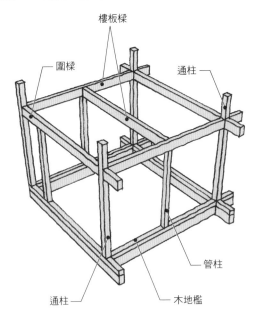

間隔3～4公尺設置通柱，樑插入柱之中。

➤ 圖2　通樑構架

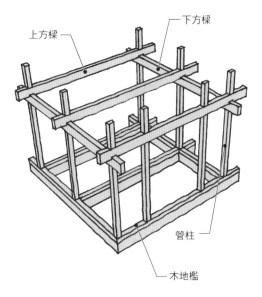

所有的柱皆為管柱，在柱子數量較多的軸向上設置下方樑，其上承載與其垂直相交的上方樑。

➤ 圖3　混合式構架

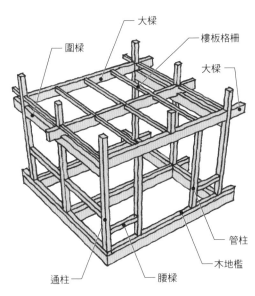

間隔3～4公尺設置通柱，在柱子數量較多的軸向上設置做為下方樑的大樑，在其上方垂直承載直交樑。此法可降低大樑與通柱接口處樑斷面缺損的情形。

➤ 圖4　視情況調整的構架

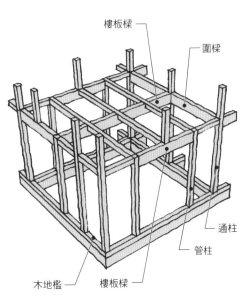

以必要的最小斷面尺寸連結樑。雖然減少了材積，但接合部數量增加。

力・木材　構架・接合　剪力牆　樓板組・屋架組　構架計畫　地盤・基礎

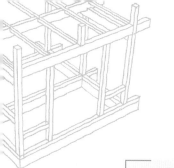

通柱構架

> **POINT**
> ▶ 通柱式的框架雖然比較容易進行構材規格化與構架合理化[2]，但必須正視接合部斷面缺損的問題。

通柱的優點

以柱為優先地貫穿到屋頂，並將樓板樑從柱中間插入，這樣所形成的框架就稱為通柱構法。在這種構造法中，通柱以二開間（約3,640公釐）、或一個半開間（2,730公釐）的間隔做配置是一般常見的做法。採用這種基本格狀系統的平面計畫，相較於田字形的平面，更有利於空間的使用。（圖1）。

像這樣以通柱圍起的基本形串連起來的構造，因為樑深與長度可以一併整合起來，具有可將構材規格化的優點。

此外，在通柱構架的構造法中，由於樓層的整體構架並未中斷，而是由上而下一體貫通，因此力的傳達是通暢的，也因為所有樑面位於同一高度，有助於提高整體樓板的水平剛度（參照第138頁）。若以通柱構架做為基本構造來思考，後續的動作就是進一步配置剪力牆來進行平面計畫，如此就可以把基礎也一併納入設計，進而達到構造計畫合理化的目的。

留意接合部位

在通柱構架中，將同一層樓的樑面整合起來做成樓板是常見的做法。此時，在柱上設置足以固定樑材的鑿口（圖2①），扮演著支撐常時載重的重要角色。雖然鑿口尺寸加大可以提高樑的支撐力，但卻會使柱子的有效斷面缺損變大，因此，通常會使用至少5寸（150公釐）以上的角材來做為通柱。關於有效斷面缺損的對應措施，另一種做法是把直交樑做不同高低差的配置，並在通柱旁另外設置管柱加以支撐，以減輕鑿口部位的載重作用（圖2②）。

另一方面，由於水平載重可能造成構架傾斜導致樑從柱上拔出，因此得維持固定樑所需的鑿口尺寸，此外，再利用螺栓等構件加強固定則是有必要的措施。

再者，樑與樑之間的接合部位，承接側的樑（接收樑）的有效斷面會減少，因此策略上必須考慮是否加大接收樑的樑深、及樑寬等。

➤圖1　通柱的構造方式

構架的平面計畫

①訂出基本的格狀架構（2,730～3,640公釐）
②在節點處配置通柱
③設置連結通柱用的大樑
④在適當位置配置小樑
⑤在通柱與大樑的構架內配置剪力牆

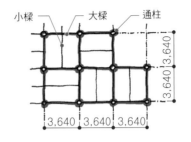

小樑　　大樑　　通柱

3,640　3,640

3,640　3,640　3,640

➤圖2　設置接合部的注意事項

①傳統的通柱接頭

在樓板的中央部位需將小樑的彎曲形變與大樑的彎曲形變加總計算。

小樑與大樑尺寸相同時，要留意接合部位的支撐力。

暗銷

柱

暗銷

橫楣

榫頭

入榫

橫楣

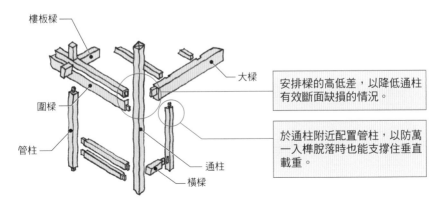

通柱構架的施做方法是在兩開間（3.64公尺）格狀架構下的四個角落配置通柱。

· 四面插接時會造成柱的有效斷面缺損變大。
· 入榫部位的面積是支撐垂直載重的重要部分。
· 構架傾斜時，為避免入榫拔出脫落，必須以螺栓等構件加以固定。

②高低樑的接頭

樓板樑

大樑

圍樑

管柱

通柱

橫樑

安排樑的高低差，以降低通柱有效斷面缺損的情況。

於通柱附近配置管柱，以防萬一入榫脫落時也能支撐住垂直載重。

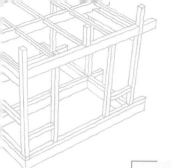

通樑構架

POINT
> 通樑形式的構架因為接合方式較為單純，因此平面計畫的自由度高
> 但必須確保上下層柱位的連續性

通樑的優點與缺點

這是把柱全部做為管柱、並以樑為優先貫通的構架方式，又稱為「通樑構法」。從平面圖來看，在柱子較多的軸向上設置下樑，與其垂直的直交樑再設置於下樑的上方（圖1）。這種構架在平面計畫上有較大的自由度，也因為施工方式是以木材疊架的方式，因此比較容易施工。但另一方面，有可能因為上下兩層的柱位不同，而導致力量無法順利傳遞的情況。

通樑構法中，因為樑的配置會有段差的關係（圖1①），可能有樓板水平剛度降低的情況，因此在著手構造計畫的時候，必須針對這點加以補強（參照第138、146頁）。另外，水平角撐是將一端插入上樑而另一端置於下樑上的形式，因此施工時必須與整體構架一起建造。

接合部位的注意事項

柱與樑的接合部位以長栓打入（圖2②），樑與樑之間則以能相互咬合的鑿口來接合（稱為勾齒搭接）。從平面上來看，因為承接支撐點的樑斷面積較大，對於垂直載重的支撐力較高。而且，即使受水平力作用而傾斜時也不會有樑被拔出的風險，當構架變形大的時候也能隨之因應，具有高韌性的優點。

但從立面上來看，如果樑深不足的話，會容易產生裂痕，因此深度缺損量應以樑深的1／3為原則（圖2③）。其次，要能讓接頭正確地發揮支撐能力，也必須確保樑的懸挑尺寸，也因此突出於外牆的出挑部分就要特別留意防雨措施。

在榫頭的接合方面，因為上樑與下樑僅以咬合的方式相接，一旦出現上下的拉張力時，可能有脫落的疑慮，因此若需在此處配置剪力牆時，必須特別注意上樑與下樑的接合（圖2④）。

通樑構架是將樑連貫起來的做法，因此必須設置樑的接合點。接合點必須挑選抗拉力較高的材料為元件，並且配置在彎曲應力相對較小的地方（參照第78頁）。

➤圖1　通樑的構造方式

構架的平面計畫

①配置管柱
②在柱子數量多的軸向上架設下樑
③在下樑的垂直方向上等間隔地配置上樑
④剪力牆以兩開間（3640公釐）左右的間隔加以配置
　　備註：需留意一樓與二樓的結構連續性

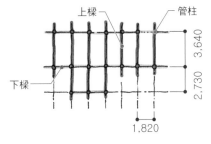

①決定柱的位置

管柱

等間隔

②架設下樑

下樑

等間隔

③以鑿口搭接的方式將上樑架設起來

格柵的舖設方向　　　上樑的架設方向

構架的延伸方向

等間隔

➤圖2　設置接合部的注意事項

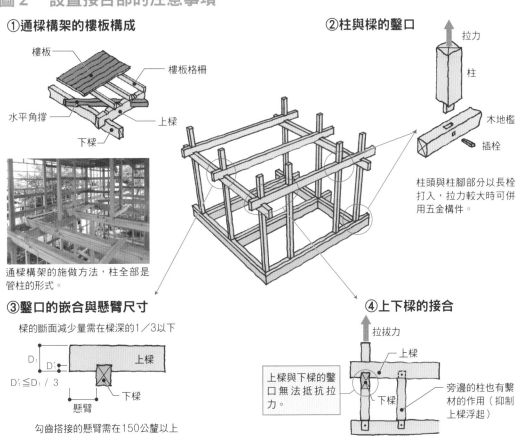

①通樑構架的樓板構成

樓板
樓板格柵
水平角撐
上樑
下樑

通樑構架的施做方法，柱全部是管柱的形式。

②柱與樑的鑿口

拉力
柱
木地檻
插栓

柱頭與柱腳部分以長栓打入，拉力較大時可併用五金構件。

③鑿口的嵌合與懸臂尺寸

樑的斷面減少量需在樑深的1／3以下

D_1'
D_1
$D_1' \leqq D_1 / 3$
上樑
懸臂
下樑

勾齒搭接的懸臂需在150公釐以上

④上下樑的接合

拉拔力
上樑
下樑
上樑與下樑的鑿口無法抵抗拉力。
旁邊的柱也有繫材的作用（抑制上樑浮起）

力・木材
構架・接合
剪力牆
樓板組・屋架組
構架計畫
地盤・基礎

通柱 · 管柱 · 大黑柱[3]

通柱與管柱

同時貫穿不同樓層的柱子稱為通柱，而僅於某一層出現的柱子則是稱為管柱（圖1）。在此將針對不同的柱在構造上必須注意的要點進行討論。

①柱與樑的接合部位

接合部位的基本目的是「構材的繫結」。在通柱構架裡，樓板樑被柱隔斷，因此需對各樑進行繫結；而在管柱構架中，則必須繫結上柱與下柱（圖2①）。

然而，因為住宅的通柱斷面較小，在與樓板樑接合的部位通常會造成較大的斷面損失，受到水平力作用後折斷的可能性很高，因此斷面在4寸（120公釐）以下的通柱必須另以五金構件來補強連結，使其即便折斷也不會導致上下柱的脫離。

②安裝斜撐時

出現水平載重時，在斜撐上會有壓應力的作用產生，這裡的斜撐指的是在柱與樑接合部位上嵌入的構件。在採用通柱的情況下，樑會因受力而上抬，為了使樑不會因此脫離，必須設置繫件加以固定。在採用管柱的情況下，會容易受力產生向外位移的情形，除了避免拔出而設置繫件之外，也必須確保斜撐插入樑的斷面積，防止構材走滑。

③樓板的變形

在樓板面上施加水平力時，周圍會產生壓應力與拉應力。壓應力出現時雖不至於產生特別的問題，不過一旦出現拉應力就容易造成接合部位的位移。因此通柱構架中，必須特別注意「樓板樑與柱的接頭」。在僅有管柱的構架裡（通樑構架），則必須對「樑的接頭」謹慎處理（圖2③）。

大黑柱的抵抗能力

古老民宅裡經常可看到在建築物的中心出現巨大的柱子，稱為大黑柱。將橫楣穿過8吋（240公釐）以上的大柱子，接合部位完全嵌入柱體，因此接合尺寸不需很大就能抵抗水平作用力。

譯注：
3.直接以日文漢字沿用。大黑柱屬於日式木造建築特有的元素，其發源可上溯至繩紋時代的住居形式。在日式木造建築中，大黑柱可見於中央部位且　尺寸較其他柱子粗大。中文中代表「主柱」的意思。

➤圖1　通柱與管柱

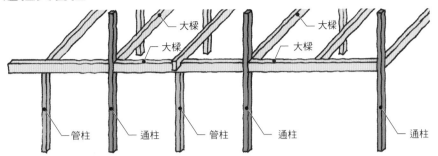

大樑　大樑　大樑　大樑　管柱　通柱　管柱　通柱　通柱

➤圖2　通柱與管柱在構造上的特徵比較

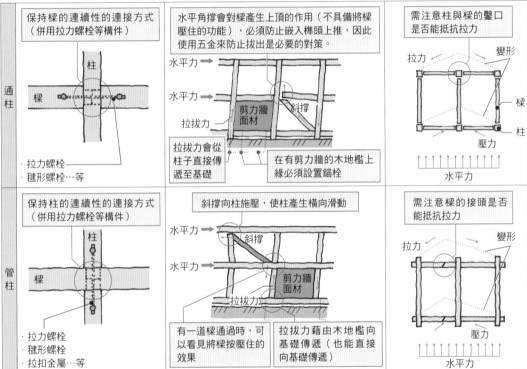

	①柱樑接合部位的鑿口形狀	②水平載重時的垂直構面	③水平載重時的水平構面
通柱	保持樑的連續性的連接方式（併用拉力螺栓等構件） 柱 樑 ·拉力螺栓 ·鍵形螺栓…等	水平角撐會對樑產生上頂的作用（不具備將樑壓住的功能），必須防止嵌入榫頭上推，因此使用五金來防止拔出是必要的對策。 水平力 水平力 拉拔力　剪力牆面材　斜撐 拉拔力會從柱子直接傳遞至基礎　在有剪力牆的木地檻上緣必須設置錨栓	需注意柱與樑的鑿口是否能抵抗拉力 拉力　變形 樑 柱 壓力 水平力
管柱	保持柱的連續性的連接方式（併用拉力螺栓等構件） 柱 樑 ·拉力螺栓 ·鍵形螺栓 ·拉扣金屬…等	斜撐向柱施壓，使柱產生橫向滑動 水平力 斜撐 水平力 剪力牆面材 拉拔力 有一道樑通過時，可以看見將樑按壓住的效果　拉拔力藉由木地檻向基礎傳遞（也能直接向基礎傳遞）	需注意樑的接頭是否能抵抗拉力 拉力　變形 壓力 水平力

➤圖3　大黑柱的作用機制

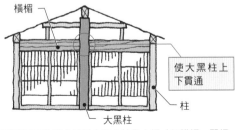

橫楣
使大黑柱上下貫通
柱
大黑柱

即使採用直徑240公釐以上的大柱與大樑（如橫楣、門楣等）連結，其所具備的水平耐力也僅是構造用合板牆的70%左右，就水平抵抗力而言，剪力牆仍然具有比較明顯的效果，也有較好的經濟性。

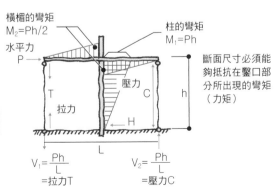

橫楣的彎矩
$M_2=Ph/2$
柱的彎矩
$M_1=Ph$
水平力
P
斷面尺寸必須能夠抵抗在鑿口部分所出現的彎矩（力矩）
壓力
T
拉力
C
h
H
L

$$V_1=\frac{Ph}{L}$$
=拉力T

$$V_2=\frac{Ph}{L}$$
=壓力C

備註：剪（V）：單位面積上所承受的力，力的方向與受力面法線方向正交，也就是與樑的斷面平行的。
彎矩（M）：使物體繞著轉動軸或支點轉動的做用力，也就是使樑產生彎曲的。

力·木材　構架·接合　剪力牆　樓板組·屋架組　構架計畫　地盤·基礎

65

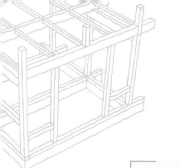

挫屈現象

> 對應木材挫屈現象，不僅需考量材料的斷面面積，還包含柱本身厚度與長度之間的比例

挫屈與細長比

將細長的柱子在長向上施加壓力時，柱子會因為無法承受載重而產生彎曲的現象，就稱為挫屈（圖1）。

例如，對相同斷面但長度不同的二根柱子施加相等壓力時，較長的柱子就容易產生挫屈。而且，在同樣都是長方形斷面的情況下，厚度較薄的一方也比較容易產生挫屈（圖2）。

對於這樣的挫屈現象，柱材本身的厚度與長度有很大的影響。厚度所換算的係數與材料長度之間的比例稱為細長比。以 λ（lambda）為記號來表示，這個數值愈大就表示柱子愈容易產生挫屈現象。在木造建築裡，這個數值必須控制在150以下（日本建築基準法施行令第43條）。

厚度所對應的係數稱為「斷面二次半徑」，以 i 為記號來表示。在使用扁平柱（長方形斷面）時，會以厚度較薄的一方來做計算值。材料長度稱為「挫屈長度」，以 ℓ_k 為記號做表示，通常是指「橫向材之間的距離（圖1）。不過，雖然一般是以橫向材之間的距離視為樓高，但在有挑空的空間，則是以木地檻到屋架樑之間做為挫屈長度的計算基準。

綜合考量以上各點，在設計柱之類的壓縮材時，因應細長比的因素，容許壓應力度會降低，此時的挫屈低減係數以 η（eta）來表示。由於當 λ 在30以下時就不容易產生挫屈，因此將其挫屈低減係數 η 以1.0來訂定（圖2）。

斜撐的挫屈

除柱子之外，必須要注意會發生挫屈現象的構材還有斜撐。斜撐是為了將構架的對角線連接起來而設計的，其挫屈長度比柱還長。住宅裡使用的斜撐厚度大多是30～45公釐的薄料，很容易因受壓而挫屈。

面對這樣的情況，會採取在柱和柱之間設置間柱的做法，並且在斜撐的中間處進行連結，以縮短挫屈的長度來防止挫屈發生。

➤圖1 何謂挫屈

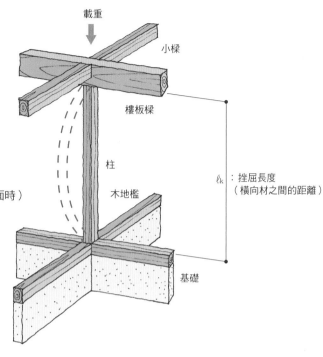

細長比 $\lambda = \dfrac{挫屈長度\,\ell_k}{斷面二次半徑\,i} \leqq 150$

　ℓ_k：挫屈長度（橫向材之間的距離）
　i：一邊的長度 D／3.46（長方形斷面時）

➤圖2 材料長度與挫屈的關係

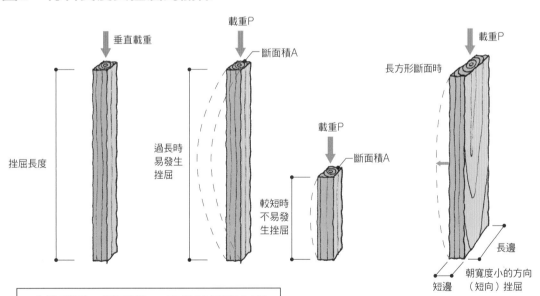

容許載重＝斷面積 × 容許挫屈應力度

容許挫屈應力度 $f_k = \eta \times fc$
　η：挫屈低減係數，依據右方計算式（平13國交告1024號）
　fc：容許壓應力度，依據材料種類而定

$\lambda \leqq 30$ 時，$\eta = 1.0$
$30 < \lambda \leqq 100$ 時，$\eta = 1.3 - 0.01\lambda$
$100 < \lambda \leqq 150$ 時，$\eta = 3000／\lambda^2$

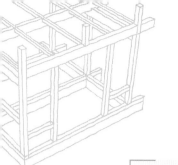

剖裂的影響

何謂剖裂

　　所謂的剖裂是指，從木材的某一面邊緣到木心以人工劃出割痕，是木材的乾燥方法之一。如果將未乾燥的木材堆置起來，水分會從表面開始蒸發，隨後內部的水分也會慢慢去除，然後在材料表面產生「乾燥裂紋」。由於乾燥裂紋是隨機產生的，會影響木材的外觀，利用剖裂的方式事先將裂紋集中於木材的某一面，可藉此抑制其他三面產生裂紋（圖1）。

　　剖裂的做法主要用在柱材，但斷面較大的樑材也會採取這種做法。如果考慮到作用在柱、或樑等材料上的載重方向，比較好的做法會是，柱材選擇與外壁垂的方向；樑材則選擇上緣的剖裂部分。但如果會在剖裂處設置螺栓等加強連繫構件的話，就要注意是否會影響接合部的抗拉耐力（圖2①）。

　　此外，若以剖裂方式進行乾燥時，材料會產生如圖2②③的變形。一旦使用未達乾燥狀態的構材，對後續的裝修材料會產生重大影響，因此最好讓構材完全乾燥且變形完成後再使用。

剖裂與強度的比較

　　以外牆柱為例，比較①無剖裂、②有剖裂、③貫通剖裂等三種形式（圖3）。

　　外牆的柱會受到經常性壓力（纖維方向的力）與風壓力（X軸與Y軸方向的力）的作用。針對這些作用力，柱的抵抗力是從柱的斷面形狀求得的A、i、Z、I等係數（參照第66、72、84頁）來決定其抵抗能力。

　　從斷面形狀來看，①與②在對應相同的作用力時，大致還保有相同的抵抗能力，而③因為斷面完全切斷的緣故，雖然看起來面積與原來斷面積相同，但在抵抗挫屈、X軸方向上的彎曲變形、以及其他形變等，其實性能已相當微弱。這也就是說，除了貫通剖裂的情況外，剖裂的做法對木材強度並不會產生問題。

➤ 圖1 乾裂與剖裂

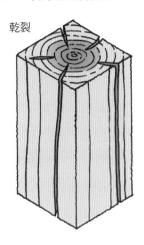

乾裂

讓材料自然乾燥時，會從表面將水分排除，伴隨而生的裂紋就稱為乾裂（乾燥裂紋）。

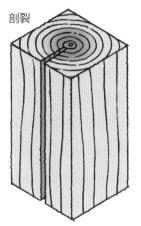

剖裂

以人工先畫出割痕，可抑止其他裂縫產生，同時也可達到使木材從表面到心部均勻乾燥的目的。

➤ 圖2 剖裂對裝修的影響

①剖裂與接頭相互干擾時

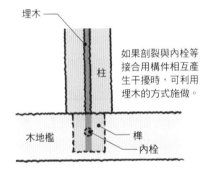

埋木

柱

木地檻

榫

內栓

如果剖裂與內栓等接合用構件相互產生干擾時，可利用埋木的方式施做。

②柱的剖裂

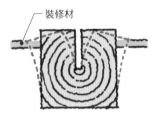

裝修材

如果乾燥程序未完成就拿來使用，剖裂處會向外翻開，進而對裝修材產生影響。

③樑的剖裂

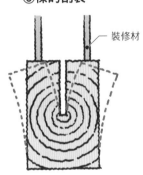

裝修材

➤ 圖3 剖裂與構造強度的關係

①無缺損

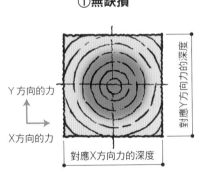

Y方向的力

X方向的力

對應X方向力的深度

對應Y方向力的深度

②剖裂

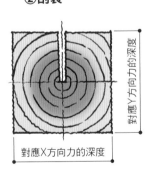

對應X方向力的深度

對應Y方向力的深度

③貫通剖裂

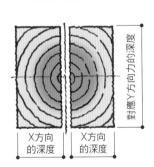

X方向的深度

X方向的深度

對應Y方向力的深度

對應纖維方向的作用力→ ①、②、③大都有相同的性能。但是③X軸向的深度僅有一半，因此容易發生挫屈。
對應 X 方向的作用力→ ①與②大致上性能相同，但③的深度僅有一半，因此耐力大幅下降。
對應 Y 方向的作用力→ ①與②大致上性能相同，③的深度不變，耐力下降的幅度小。

木地檻的壓陷

> **POINT**
> ➤ 抵抗壓陷作用的性能除了與樹種、接觸面積有關之外，力的作用位置也有相當程度的影響

壓陷的性質

在木材的纖維方向、以及與纖維垂直方向上施加作用力時，每種木材的反應狀態會有所不同，稱為「異向性（參照第42頁）。

纖維的垂直方向受到壓力時的狀態稱為「橫向壓縮」，或者稱為「壓陷」。壓陷力的特性是強度低但是黏性很強，具有載重去除後可緩慢地回復到原狀的性質。

會出現壓陷力的部位主要在柱與木地檻的接合部、以及橫穿板的接合部（參照第112頁）。抵抗壓陷力的能力與構材的接觸面積成正比，同時也與壓陷力產生的構材位置有所關連（圖1）。例如，在纖維的垂直方向上受到壓力作用時，纖維會受到壓迫而使年輪的寬度變窄。從側邊來看的話，可以清楚看到年輪的筋絡呈現凹狀。如果力的作用位置在材料中央部分時，力量可以左右均等分布，使力的作用點與構材抵抗力之間取得平衡，因此不會產生上述所說的現象。有時候力的作用點會集中在構材端部，力

量能擴展的範圍因而變得狹窄，破壞的情形也會增加。

將上述各點共同考量後會發現，容許壓陷應力度與力的作用點（柱的位置）有關，例如作用於木地檻端部、或中間部的力，因位置不同，容許值的增減率也跟著不同（圖1、表1）。

木地檻與柱的寬度

當柱寬比木地檻的寬度還要大的時候，必須注意力量是否能在木地檻上均等分布。柱中心與木地檻中心若產生偏移，那麼木地檻就會受到偏移載重而容易產生破壞（圖2）。一旦發生這種情況，柱恐怕會因此傾斜進而對上部構造產生巨大的影響。

原則上，木地檻的寬度最好與柱寬相同、甚至更大，但在有些迫不得已的情況下，柱的寬度需比木地檻還寬，那麼就必須把突出的尺寸控制在15公釐以下。若超過15公釐以上時，則可直接將柱設置於基礎上，在木地檻與柱之間以五金構件來做連結。

▶圖1 壓陷

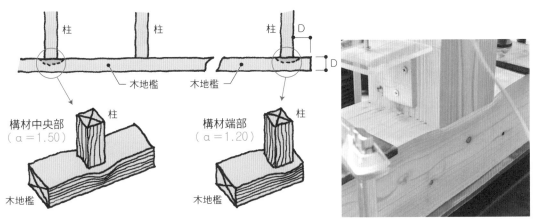

構材中央部
（α＝1.50）

構材端部
（α＝1.20）

柱產生巨大的力量，對木地檻產生壓陷作用。

α：為嵌入時也不會有問題的容許應力度之增減係數

出處：依據日本建築學會『木質構造設計規準與解說』，
容許壓陷的變形量需在3公釐以下[4]。

▶表1 木地檻的長期容許壓陷耐力

木地檻的長期容許壓陷耐力一覽表

樹種	位置	構材中央部	構材端部
杉	容許壓陷應力度	3.00N/mm²	2.40N/mm²
	柱、木地檻：105mm角材	26.3kN	21.1kN
	柱、木地檻：120mm角材	34.0kN	27.2kN
檜	容許壓陷應力度	3.90N/mm²	3.12N/mm²
	柱、木地檻：105mm角材	34.2kN	27.4kN
	柱、木地檻：120mm角材	44.2kN	35.4kN

左表中用以計算的接觸面積如下圖所示：

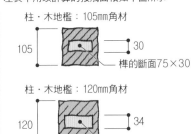

柱・木地檻：105mm角材
榫的斷面75×30

柱・木地檻：120mm角材
榫的斷面90×34

牛頓（N）是力的公制單位，1牛頓是指使質量1公斤物體產生加速度為1 m/s²時所需要
的力，在建築中表示力量的單位時多以牛頓為單位。

▶圖2 柱與木地檻的偏心

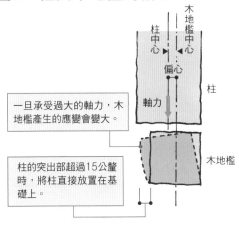

一旦承受過大的軸力，木
地檻產生的應變會變大。

柱的突出部超過15公釐
時，將柱直接放置在基
礎上。

▶表2 超過容許嵌入耐力時的對策

對策	效果與留意要點
將木地檻的斷面加大	利用確保嵌入面積來提高支撐力
變更木地檻的樹種	利用提高容許嵌入耐力來提高支撐力
將柱的斷面加大	需與木地檻的寬度對應
於附近加設柱子	減輕單柱所負擔的軸力
將柱直接放置於基礎	以纖維方向來支撐可提高支撐力

譯注：
4.木材的壓陷耐力在「木構造建築物設計及施工技術規範」第四章中有相關說明。台灣方面雖無針對各個部位構材進行材料壓陷耐力的規定，不過在
上述規範中，針對結構用集成材與結構用合板分別有相關容許應力的詳細說明。

對應樑材強度的設計

POINT

➤ 樑的設計在面臨垂直載重時，有剪斷與彎曲兩種應力
需要注意

如圖1所示，在兩端支撐著的樑上施加垂直載重時，中央部分會彎曲，此時有兩種應力作用於樑，也就是剪應力與彎曲應力。

對應剪斷力的設計

將彎曲的樑細切來看，如圖1①可見樑呈現一點一點偏移的情況。造成這種偏移的力量就是所謂的剪應力。剪應力在愈靠近樑的端部就愈大、在支撐點處形成最大值。而且，若在支撐點附近取一部分的斷面來看應力分布狀況，會發現斷面的中央部位具有最大的剪應力，而上端與下端數值為零。

從這樣的應力分布情形來看，可以了解到，樑端部的鑿口、或榫槽愈大，抵抗剪斷應力的能力就降低得愈明顯。

對應彎曲的設計

彎曲應力在中央部位最大，愈往端部移動彎曲應力愈小，到了支撐點時的數值為零。詳細觀察彎曲應力時，可發現樑的上緣有壓力作用而下緣有張力作用。在出現彎曲應力最大的跨距中央取出斷面來觀察應力分布，上緣出現最大的壓應力，而下緣則出現最大的拉應力（圖1②）。除此之外，應力為零的部分稱為中立軸。

從這樣的應力分布來看，若是在跨距中央部分承受最大應力處的上緣、與下緣設有榫頭、或鑿口，就會影響木材的耐力。反之，若不得不在樑上開口的時候，選擇中立軸（而非上下緣處）附近開口，影響會比較小些。

斷面的性能與係數

在進行構材的斷面設計時，所有必須考慮的係數都是取決於斷面形狀。基本上包含了「斷面積A、斷面係數Z、斷面二次彎矩I」等（圖1③），因為這些係數都具有方向性，設計時必須注意樑深是否足以對應載重方向。

➤圖1 對應垂直載重所需強度的樑材設計

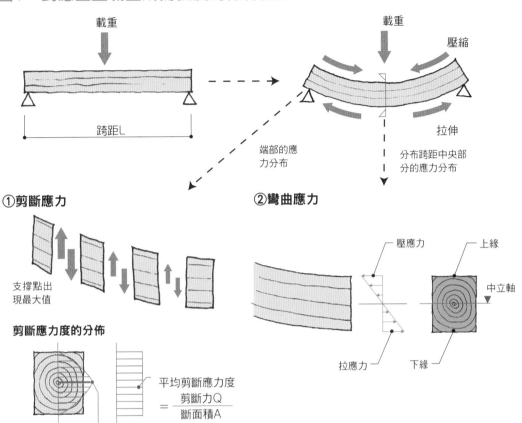

①剪斷應力

剪斷應力度的分佈

平均剪斷應力度 $= \dfrac{剪斷力Q}{斷面積A}$

支撐點出現最大值

最大值＝平均值×1.5

剪斷應力度的檢驗

$\dfrac{1.5 \times 最大剪斷力}{斷面積} \leqq 容許剪斷應力度$

因為中央部位附近的支撐點斷面具有最大值，若在此處鑿口會使構造強度降低

②彎曲應力

壓應力　上緣

中立軸

拉應力　下緣

彎曲應力度的檢驗

$\dfrac{最大彎矩}{斷面係數} \leqq 容許彎曲應力度$

因為在中央部分的上緣與下緣出現最大值的應力，特別是出現拉力的下緣，如果在此處設鑿口的話會使構造強度降低。

③表示斷面性能的係數

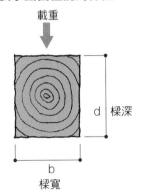

載重

d 樑深

b 樑寬

斷面積：$A = b \times d$ →影響強度（剪斷）

斷面係數：$Z = \dfrac{b \times d^2}{6}$ →影響強度（彎曲）減少有效樑深影響最大

斷面二次彎矩：$I = \dfrac{b \times d^3}{12}$ → 影響變形

對應彎曲變形的樑材設計

POINT
▶ 樑的彎曲變形受到載重大小、分布狀態、跨距、構材斷面、及楊氏係數的影響

影響樑產生彎曲變形的因素

樑的彎曲變形受到①載重分布係數、②載重大小、③跨距（支撐點距離）、④材料的楊氏係數、與⑤構材二次彎距五個因素影響。這些因素之間的關係，以右圖①的公式來表示。從這個公式可以看到跨距以3次方計算，由此可知，跨距是造成彎曲變形最主要的影響因素。

①載重的影響

假設在某樑的中央部位施加1噸的載重會出現1公分的彎曲變形。若在此樑施以2噸的載重，則彎曲變形為2公分。載重的比率與彎曲變形的比率是相等的。

②跨距的影響

假設在跨距4公尺的樑中央部位加載1噸載重會產生8公分的彎曲變形。將此樑對半切成2公尺的長度後，在相同的載重作用之下，彎曲變形量為1公分。這就是變形與跨距長度成3次方的關係。

③楊氏係數的影響

跨距、斷面、及載重的條件相同下，假設使用楊氏係數E100的集成材時，其彎曲變形為1公分。相較於此，若使用楊氏係數值E50材料，則變形量將是2倍，彎曲變形量為2公分。因此楊氏係數較大的材料，變形量較小。

④樑斷面的影響

樑深30公分的構材的變形量為1公分，若將樑深減半為15公分時，彎曲變形量會達到8公分。這是斷面二次彎矩（參照第72頁）與樑深d有3次方的比例關係。另一方面，樑寬因子不是以次方關係來表現，而是樑寬減半則彎曲變形加倍的方式來呈現※。

原注：
※除此之外，彎曲變形是樑受載重之後立刻出現的數值，針對潛變（參照第44頁）比率的增加也應有數值上的對應，必須確保控制在跨距的1／250以下。在木構造建築物中，因潛變而引發的變形增加係數設定為2。

→ 圖1 對應彎曲變形的設計

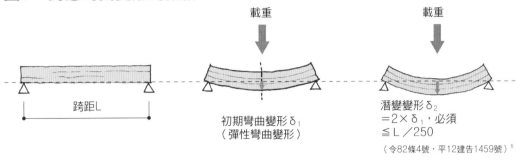

載重

載重

跨距L

初期彎曲變形 δ₁
（彈性彎曲變形）

潛變變形 δ₂
＝2×δ₁，必須
≦ L／250

（令82條4號，平12建告1459號）[5]

$$彎曲變形\ \delta_1 = 係數^{※} \times \frac{載重W \times （跨距L）^3}{楊氏係數E \times 斷面二次彎矩\,I}$$

※係數是依據載重分布狀態而決定的數值（固定值）。

①載重改變時

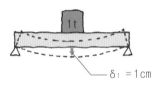

δ₁ ＝1cm

δ₂ ＝2cm

$$\frac{P_2}{P_1} = \frac{2t}{1t} = 2.0$$

$$\therefore \delta_2 = \frac{P_2}{P_1} \times \delta_1 = 2\,cm$$

②跨距改變時

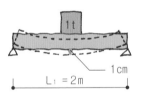

1cm

δ₂ ＝8cm

L₁ ＝2m

L₂ ＝4m

$$\frac{L_2}{L_1} = \frac{4m}{2m} = 2.0$$

$$\frac{L_2{}^3}{L_1{}^3} = \left(\frac{L_2}{L_1}\right)^3 = 8$$

$$\therefore \delta_2 = \left(\frac{L_2}{L_1}\right)^3 \times \delta_1 = 8\,cm$$

③楊氏係數改變時

E100的集成材

E50的製材

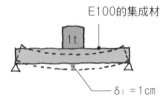

δ₁ ＝1cm

δ₂ ＝2cm

$E_1 = 100t\,/\,cm^2$

$E_2 = 50t\,/\,cm^2$

$$\frac{1}{(E_2/E_1)} = \frac{E_1}{E_2} = 2.0$$

$$\therefore \delta_2 = \frac{E_1}{E_2} \times \delta_1 = 2\,cm$$

④樑深改變時

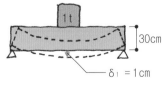

30cm

δ₁ ＝1cm

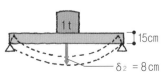

15cm

δ₂ ＝8cm

$$I = \frac{b \cdot d^3}{12}$$

12cm× 30cm：$I_1 = 27,000\,cm^4$

12cm× 15cm：$I_2 = 3,375\,cm^4$

$$\frac{1}{I_2\,/\,I_1} = \frac{I_1}{I_2} = 8$$

$$\therefore \delta_2 = \frac{I_1}{I_2} \times \delta_1 = 8\,cm$$

譯注：
5.在「木構造建築物設計及施工技術規範」第四章針對木材的各項容許應力有相關說明與規定。

力・木材 構架・接合 剪力牆 樓板組・屋架組 構架計畫 地盤・基礎

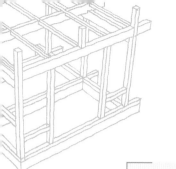

樑端的支撐耐力

> 樑端部的支撐力受到受壓面積與剩餘有效尺寸所影響
> 必須避免榫接的拔出脫落

樑端的處理方法

　　雖然樑的斷面尺寸是考量強度與彎曲變形而決定的（參照第72～75頁），不過這個前提是，樑的端部必須確實做好支撐。

以樑為支撐點時

　　①被承載的樑（在此稱為「檢討樑」）與接受樑之間所接觸的面積（受壓面積）大小，對於支撐耐力有相當程度的影響（圖1）。因為檢討樑與接受樑同時都在與纖維垂直方向上受力，因此會有嵌入破壞的問題產生（圖2①）

　　②關於在檢討樑端部作用的剪力，檢討樑因鑿口所需，剩餘的有效斷面積就扮演著重要的角色（圖2②）。因此，在檢討樑的下方側減少鑿口會是比較好的施工方式。

　　③從接受樑受壓面下方的斷面來看，如圖1所示的「剩餘尺寸」也對支撐耐力有所影響。接受從檢討樑傳來的力量時，接收樑會產生嵌入現象，因而擠壓受壓面下方的纖維（圖2①）。這個擠壓範圍大約在30公釐左右，所以剩餘的

斷面尺寸最少也必須在30公釐以上。另外，長期容許支撐力約在4kN左右，如果載重在這個數值以上時，剩餘尺寸最好確保在60公釐以上。

以柱為支撐點時

　　因為柱是在纖維方向上受力，因此檢討樑的受壓面積對支撐耐力有最大的影響（圖1）。一般來說，比起由樑承載檢討樑，以柱來承載檢討樑的方式具有較高的支撐耐力。但如果是在通柱中插入樑的話，最後受壓面積可能會比由樑來承載時更小，必須加以注意。

樑的拔出破壞與榫接尺寸

　　榫接部分是支撐常時載重的重要部位。其標準尺寸雖為15公釐，但如果檢討樑的彎曲變形量過大而使構架產生大幅傾斜時，會導致樑因此拔出脫離讓支撐力大幅下降（圖3）。為了防止這個情況發生，增加榫接的尺寸、或以鍵形螺栓等五金將樑拉緊固著於柱體，是必要的措施。

> **圖1　樑的鑿口**

垂直載重的傳遞能力

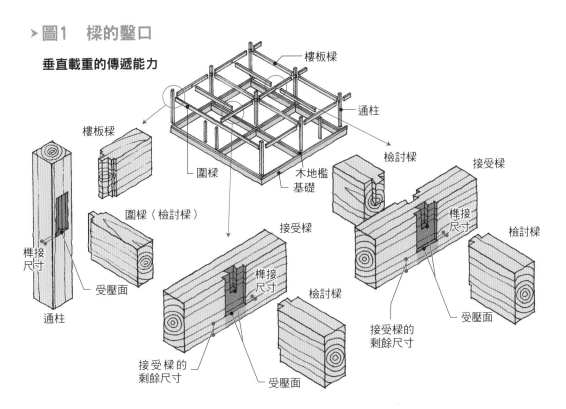

> **圖2　樑的鑿口破壞形態**

①接受樑的嵌入破壞

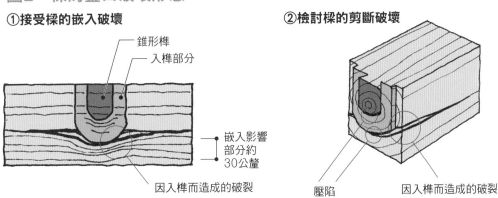

②檢討樑的剪斷破壞

> **圖3　入榫的拔出脫落**

①垂直載重

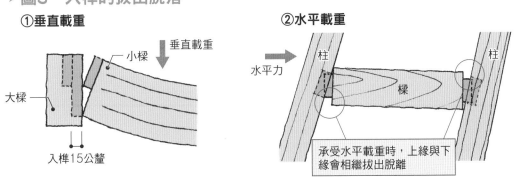

②水平載重

對接接頭的設置方式

對接接頭形式與位置的檢討

　　雖然不在樑上設置對接接頭、且盡可能以最長的構件長度來貫通使用，這樣才是最好的方式。但是，為了使構材製造能夠規格化生產，無形中反而限制了材料的長度。因此，在何處設置何種對接接頭會是較好的做法，就成為必須審慎檢討的課題。

　　從至今的實驗結果來看，對接接頭的彎曲強度在沒有任何缺損的斷面中，最大強度也僅有15％左右（表）。右圖表示樑的彎曲應力圖，圖①～③均是以樑的中央為基準線（應力為零的線），發生張力的一側以曲線標示。對接接頭最好設置在應力小的地方，也就是曲線與基準線交叉點附近的位置。

　　圖①是在短跨距的地方設計對接接頭的情形。總體來說，短跨距的部分應力較小，對接接頭在這個範圍內設置最為恰當。

　　圖②是以右側懸臂的方式支撐跨距較長的樑。大跨距的樑上承受載重時，因為對接接頭承受很大的剪力作用，因此必須設計成能抵抗應力的接頭形式。此外，懸臂樑的懸挑尺寸需配合樑的斷面與接頭形式來設計，這種懸挑尺寸最好以600公釐以下為目標。

　　圖③是在簡支樑中設置對接接頭，適用在對抗彎曲應力較高的對接接頭形式。但是在樑的端部雖然彎曲應力較小卻出現最大的剪應力，因此需審慎考慮接頭的形式。但若再進一步思考與柱的接合時，仍建議盡量避免這種接合方式。

　　基本上，設置對接接頭就表示在該處將樑分段，因此也可以這樣思考，對接接頭是要與從附近的柱懸臂出來的樑連結，讓力量可以藉此順利傳遞出去。一般常用的鐮榫對接與燕尾榫對接等，除了強度較低的缺點之外，還有因乾燥收縮而鬆弛的可能，因此需與五金構件併用。

　　此外，在評估對接接頭的位置時，為了掌握上下樓層的力量傳遞，不僅要從單元框架圖來思考，最好也能活用整體性的構架圖（參照第178頁）。

➤ 表　與對接接頭彎曲相關的試驗結果

對接接頭的種類		種類	斷面 B×D	最大載重P (Kg)	與無接頭時相對應的比率P/P₀
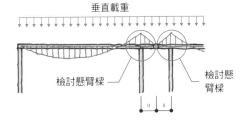	金輪對接（縱向）	杉	135×150	2,680	12.4%
			125×125	1,900	13.7%
			120×150	2,345	12.2%
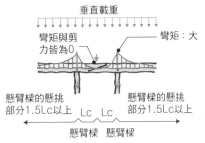	金輪對接（橫向向）	杉	135×150	1,470	6.8%
			125×125	900	6.5%
			120×150	1,081	5.6%
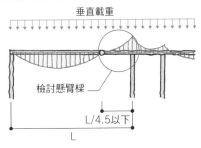	斜口榫接	杉	120×150	3,161	16.5%
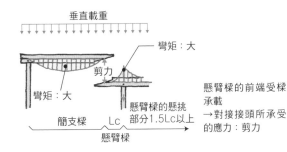	鐮榫對接	杉	120×150	714	3.7%

➤ 圖　針對垂直載重的對接接頭設置方式

①中央接合形式

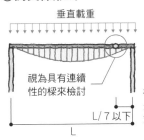

垂直載重

檢討懸臂樑　　檢討懸臂樑

垂直載重

彎矩與剪力皆為0　　彎矩：大

懸臂樑的懸挑部分1.5Lc以上　Lc　Lc　懸臂樑的懸挑部分1.5Lc以上

懸臂樑　懸臂樑

在柱間距離（跨距）短的中央部分設置對接接頭
→對接接頭所承受的應力：少量

②懸臂樑形式

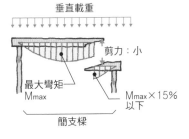

垂直載重

檢討懸臂樑

L/4.5以下　L

垂直載重

彎矩：大　剪力

彎矩：大　簡支樑　Lc　懸臂樑的懸挑部分1.5Lc以上　懸臂樑

懸臂樑的前端受樑承載
→對接接頭所承受的應力：剪力

③簡支樑形式

垂直載重

視為具有連續性的樑來檢討

樑端的彎矩雖然小，但是剪力很大，以這種形式設置接頭並不適當

L/7以下　L

垂直載重

剪力：小

最大彎矩 M_max　M_max×15%以下　簡支樑

在簡支樑彎矩小的部分設置對接接頭
→對接接頭所承受的應力：彎矩、剪力

重疊樑 · 複合樑

> 防止重疊樑的上下構材發生錯位是重要的課題
> 桁架、複合樑必須考慮拉力材的接合

需要做成較大的空間時，可以考慮採用如圖1所示的樑。雖然取得大斷面的樑材並非難事，但若進一步考慮到乾燥的困難度、以及搬運或儲存等問題，或多或少都會有其他課題產生。此外，出於環境方面的考量，近年來對於有效利用疏伐木[6]的重視也大大提升，因此利用規格化的小幹徑材來組成構架的做法也相當有意義。

防止重疊樑產生錯位

將2～3根樑上下重疊成一根，就是重疊樑。不過，若只是重疊的話，一受到垂直載重作用就會發生錯位（圖2），因為在構造上，這不過是將個別材料橫向排列而已，並無法發揮垂直向上的效果。從圖2的表可以比較出兩種係數，分別是檢討斷面強度時所用的斷面係數Z、以及檢討彎曲變形用的斷面二次彎矩I（參照第74頁），單材樑、和重疊樑兩種形式的差異明顯可見。

因此，為了發揮與實木同等的耐力，必須將重疊樑的上下樑加以固定接著，以幾近不會發生錯位為目標，讓各構材合為一體。但是，從實驗結果得知，即便是利用綑綁、或放置防止錯位的暗釘，仍無法使重疊樑達到與實木相等的斷面性能。

桁架、複合樑、合成樑

除上述的重疊樑之外，構成長跨距的方式還有在上下樑材之間加入斜向材的桁架、利用鋼棒等拉力材組合而成的複合樑、雙面以構造用合板釘合使上下材繫結的合成樑等（圖1）。

在桁架中，斜向材的斜度以水平交角45～60度的方式施做時，就可發揮構造上的效果。此外，木造的破壞大多出現在接合部位，因此桁架在配置斜向材時最好能讓構材以承受壓應力的方式來施做，若有構材出現橫向拉力的作用時，接合部會受到拉力而脫開，此時就要特別注意接合方式。

採用複合樑時也同樣需要注意拉力材的接合方法。以構造用合板來構成的合成樑，需留意釘子的直徑與數量，這對支撐耐力會造成影響。

譯注：
6. 林學專有名詞，指考量森林林木的生長，定期疏開林木區塊而產生的木材稱為疏伐木。

➤圖1　構成大跨距樑的種類

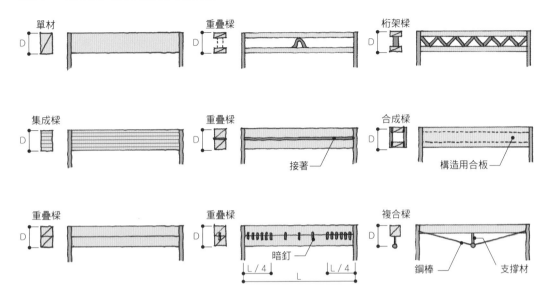

➤圖2　斷面係數與斷面二次彎矩

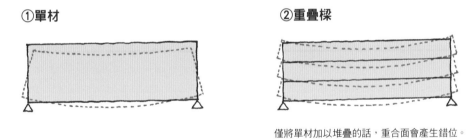

僅將單材加以堆疊的話，重合面會產生錯位。

斷面係數　　　　$Z = \dfrac{1}{6} bh^2$

斷面二次彎矩　　$I = \dfrac{1}{12} bh^3$

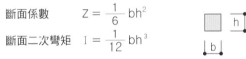

斷面形式					
彎曲強度 （斷面係數）	1	4	2	9	3
彎曲剛度 （斷面二次彎矩）	1	8	2	27	3

承載剪力牆的樑

POINT

> 在樑上放置剪力牆時，需注意樑的斷面與接合部位
> 將二樓的壁體配置量保持在合理的狀態

如果二樓剪力牆的下方沒有柱子的時候

在前面有關柱材的章節裡（參照第56～65頁）提到，原則上應該使一樓與二樓的柱落在同一位置，但在實際的住宅設計中，經常出現樓板樑的中間承載著柱子的情形。在這種情況下，二樓的樓板樑除了承受樓板的載重之外，還要承受屋頂與外牆的載重，因此會出現較大的彎曲變形。此外，如果在樑上還設有剪力牆，一旦出現水平載重時剪力牆就會傾斜，進而對一側的柱產生壓力，對另一側的柱子產生拉力。由於這些是樑的常時載重以外的額外作用力，因而會使樑的彎曲變形增大（圖1）。當然，此時在樑的兩端也會相對出現很大的反作用力，要因應這種情況的發生，就必須特別注意樑的接合方法。

這種情形若從剪力牆的角度來看，樑出現彎曲變形意味著樑的根部產生下陷，因此剪力牆的傾斜量才會比一般的情況更大，進而產生外形剛度（壁體倍率）降低的現象。

無設置一樓柱的剪力牆

從圖2來看，在二樓設置壁體倍率4的斜撐（45×90公釐的交叉材）時，藉由一樓柱的有無、以及樑斷面的變化，

可以驗證剪力牆的慣性壁體倍率（參照第118頁）降低程度的情形為何。

如圖2①所示，如果剪力牆兩側柱子的正下方在一樓都設有柱的話，不管樑的斷面大小如何，剪力牆壁體倍率都不會降低。但如圖2②所示，如果一樓的柱只配置在某一端，即使加大了樓板樑與屋架樑的斷面尺寸，壁體倍率仍降低了15％（從右頁表格中間欄可知，即使樓板樑斷面尺寸加大至300公釐，最終保有的壁體倍率僅有3.4，與壁體倍率4.0的原設定基準值減少了15％）。如果在設計中只考慮垂直載重的作用，以最小值進行兩道樑的斷面設計時，壁體倍率會被設定為預定倍率的50％以下。（在右頁表格中間欄中顯示，若屋架樑和樓板樑的斷面均以最小值150公釐進行設計時，壁體倍率僅有1.9，低於原訂壁體倍率4.0的一半2.0以下）。圖2③是一樓完全沒有柱的情形，此時承受壓應力的一側會增加彎曲變形，而另一側因為拉力的關係會使彎曲變形量稍稍減少，形成與圖2②同樣的結果。

從上述的驗證結果來看，剪力牆放置在樑上時，除了樑斷面與接合部位需要考慮之外，也必須將二樓壁體的配置量維持在合理的狀態。

▶圖1 置於樑上的剪力牆

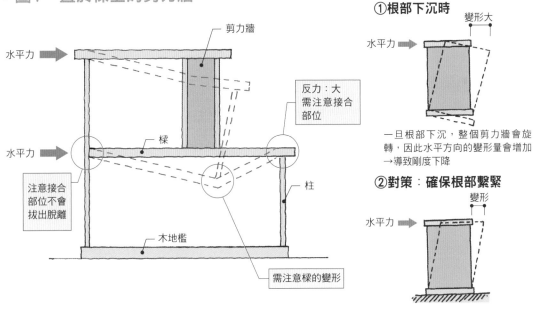

剪力牆

水平力 ➡

**反力：大
需注意接合
部位**

水平力 ➡

樑

**注意接合
部位不會
拔出脫離**

柱

木地檻

需注意樑的變形

①根部下沉時

變形大

水平力 ➡

一旦根部下沉，整個剪力牆會旋
轉，因此水平方向的變形量會增加
→導致剛度下降

②對策：確保根部繫緊

變形

水平力 ➡

力
・
木
材

構
架
・
接
合

剪
力
牆

樓
板
組
・
屋
架
組

構
架
計
畫

地
盤
・
基
礎

▶圖2 置於樑上的剪力牆與下層柱的有無

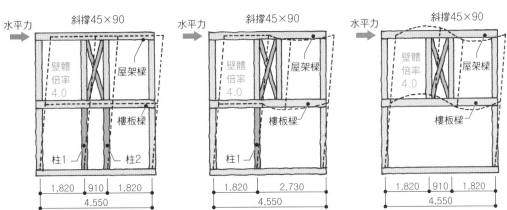

①柱1：有、柱2：有

水平力 ➡

斜撐45×90

壁體
倍率
4.0

屋架樑

樓板樑

柱1   柱2

| 1,820 | 910 | 1,820 |
| 4,550 | | |

②柱1：有、柱2：無

水平力 ➡

斜撐45×90

壁體
倍率
4.0

屋架樑

樓板樑

柱1

| 1,820 | 2,730 |
| 4,550 | |

③柱1：無、柱2：無

水平力 ➡

斜撐45×90

壁體
倍率
4.0

屋架樑

樓板樑

| 1,820 | 910 | 1,820 |
| 4,550 | | |

屋架樑：120×150mm 樓板樑：120×150mm	壁體倍率：4.0	屋架樑：120×150mm 樓板樑：120×150mm	壁體倍率：1.9	屋架樑：120×150mm 樓板樑：120×150mm	壁體倍率：1.9
屋架樑：120×150mm 樓板樑：120×240mm	壁體倍率：4.0	屋架樑：120×150mm 樓板樑：120×240mm	壁體倍率：2.7	屋架樑：120×150mm 樓板樑：120×240mm	壁體倍率：2.7
屋架樑：120×150mm 樓板樑：120×300mm	壁體倍率：4.0	屋架樑：120×150mm 樓板樑：120×300mm	壁體倍率：3.1	屋架樑：120×150mm 樓板樑：120×300mm	壁體倍率：3.0
屋架樑：120×240mm 樓板樑：120×240mm	壁體倍率：4.0	屋架樑：120×240mm 樓板樑：120×240mm	壁體倍率：3.1	屋架樑：120×240mm 樓板樑：120×240mm	壁體倍率：3.1
屋架樑：120×300mm 樓板樑：120×300mm	壁體倍率：4.0	屋架樑：120×300mm 樓板樑：120×300mm	壁體倍率：3.4	屋架樑：120×300mm 樓板樑：120×300mm	壁體倍率：3.4

附註：當二樓剪力牆是配置在樑的中間時，因為剪力牆的支撐點可能無法穩固地固定而產生變形，因此無法期待這樣的做法可以確實地發揮
剪力牆的作用。（此表說明構架與壁體倍率的降低值）

耐風柱與耐風樑

> **POINT**
> ▶ 挑空的外牆構架也需要考慮耐風做法
> ▶ 注意跨距與承受垂直載重時有所不同

在外牆部分若出現挑空時，外牆的柱與樑將扮演抵抗風壓的角色。以風壓的流向來看，最終能抵抗風壓力的部位，在通柱系統裡為柱，而管柱系統（通樑構架）裡則為樑。也就是說，貫通構架的主構材就是主要抵抗風力的部分（圖1）。

柱、間柱的必要斷面

對應風壓力的柱與間柱所需的斷面，與柱與柱間的間隔（對力的承受幅度、及橫向材之間的長度（柱、間柱的支點距離）有關（圖2）。與設計樑的斷面概念相同，都必須進行有關強度、及彎曲變形的檢討。不過因為風壓力屬於短期載重，並不需考慮潛在變形而提高係數。

此外，為了使風壓力能從柱向橫向材傳遞，鑿口的榫頭斷面是相當重要的。僅用短榫對接的話，一旦柱彎曲變形了，就會有拔出脫落的疑慮，所以一定要併用五金構件固定，或是採用長榫打入加強固定。

耐風樑需注意樑寬

另一方面，風壓力作用於外牆壁面時，橫向材除了承受垂直載重之外，還需承受水平方向的彎力作用，此時樓板若受到拉伸的話，挑空的地方主要還是以樑寬來抵抗風壓力（圖3）。

耐風樑的跨距需考慮風壓力的方向、以及平行樑與樓板繫結位置的支撐點。例如，挑空內若設有穩定樑、及平面角撐，就能縮短有效跨距的長度[7]。不過要留意的是，即使大量配置管柱都不會成為縮短耐風樑跨距的要因。

此外，如果考慮到力的方向，比起增加樑深，提高耐風樑對力的承受幅度更能有效抑止彎曲變形量（參照第72～75頁）。

此外，為了避免端部接頭拔出脫落，除了將接合部位確實固定之外，避免於耐風樑內設置接頭也是重點之一。

譯注：
7.樑的跨距愈小，對於抵抗風壓力有愈好的效果，也就是變形量較小。

圖1 可承受風壓力的壁體構造

①以樑做為支撐的方式

以樑為優先貫通的構材時，柱所受
到的風壓力最終會傳到樑，樑成為
最後的支撐構件。

②以柱做為支撐的方式

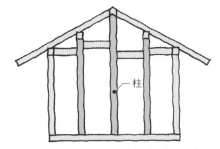

以柱為優先貫通的構材時，樑所受
到的風壓力最終會傳到柱，柱成為
最後的支撐構件。

圖2 耐風柱

由於外牆承受著風壓
力，所以柱與間柱必
須抵抗風壓力。

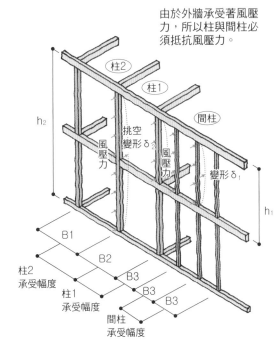

耐風柱的跨距與承受幅度

	跨距	承受幅度
柱1	h₁	(B2+B3)／2
柱2	h₂	(B1＋B2)／2
間柱	h₁	B3

圖3 耐風樑

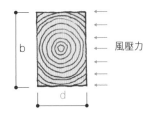

對應風壓力時，要以樑
深d來計算斷面性能。

朝向外牆的挑空與耐風樑

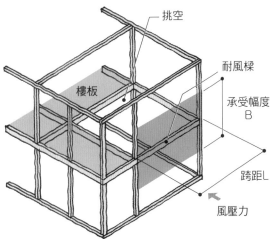

接合部位應有的性能

決定強度、變形的接合部位

接合部位是扮演將一側構材所承擔的力量傳遞至另一側構材的重要角色。比起其他類型的構造，木造的接合部位不僅形式複雜、且種類更為繁多，甚至是左右建築物整體強度與變形最重要的部分。

大致上來說，接合部位可以分成通柱系統、及通樑系統兩種類型（圖1）來討論。不管哪一種系統，首先都可以從斷開的構材之間如何連結來思考。接下來是思考載重方向，從在X軸（主要為樑的拔出）、Y軸（主要為風壓力）及Z軸（主要為柱的拔出）等三個軸向的作用來檢討接合形式。

接合部位應有的性能

進行建築物的設計時，必須考慮到垂直載重與水平載重（參照第18頁）。

垂直載重方面，要考量樑的對接接頭、及端部搭接接頭的垂直支撐力，對整體構架耐力的影響。具體來說，對接接頭必須確保彎曲耐力（參照第78頁），在端部的搭接接頭則需確保受壓面積

（參照第76頁）的尺寸（圖2）。

另一方面，來自水平載重方面的影響，可分為與垂直構面相關的力、以及與水平構面相關的力（圖3）。

垂直構面是從立面看時的構架，主要是與剪力牆有關的接合所產生的影響。剪力牆受到水平載重作用時會產生傾斜，並對端部的柱產生拉拔的作用力。因此，在柱與木地檻、柱與樓板、柱與屋架樑等處的接合部都必須確保有足夠的抗拉耐力（參照第128頁）。同時，支撐剪力牆框架的樑也因為會產生擠壓、拉張的軸力，因此必須注意對接接頭與樑端部搭接接頭的抗拉耐力（參照第164頁）。

樓板面與屋頂面稱為水平構面，受到水平力的作用時，在構面的外周會產生壓力與張力，因應之道也是必須確保對接接頭與搭接接頭的抗拉耐力（參照第164頁）。

除此之外，為了因應建築物受到暴風侵襲，也必須注意將屋簷往上掀開的力，還有這個部分的接合方式（參照第162頁）。

▶ 圖1　作用於接頭的力

①通柱　　　　　　　　　　　②通樑

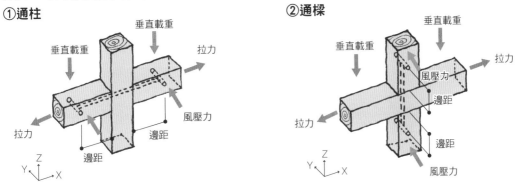

▶ 圖2　垂直載重的傳遞能力

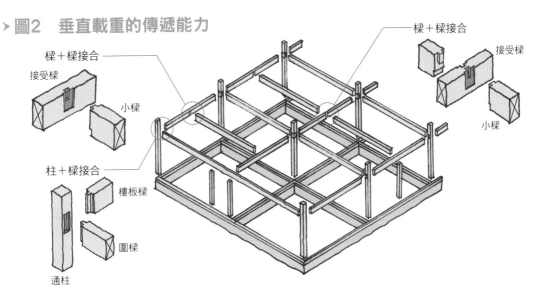

▶ 圖3　水平載重的傳遞能力

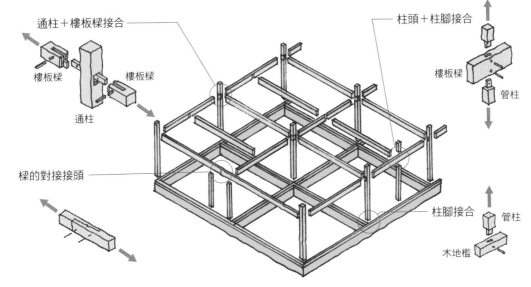

接合部的種類

> **POINT**
> ➤ 接合種類分為嵌合、五金構件、及黏著等三種
> ➤ 要選擇符合構造性能要求的接合方式

搭接與對接的接合方法

接合部有兩種方式，像柱與樑那樣以不同方向的構材交叉形成「搭接」（圖1①），或是樑與樑的接合，以同一方向的構材連結而成，稱為「對接」（圖1②）。

接合方法大致可以區分為三種類型，僅以木材進行接合的嵌合接合、使用鐵件接合的五金構件接合、以及使用接著劑來接合的黏著接合（圖2）。

嵌合接合

指木材之間以咬合的方式連接，主要是藉由產生「壓陷力」的方式在材料之間發揮固定作用。其中以橫穿板與柱的接合（圖2①）為典型代表，在傳統的搭接與對接中，幾乎都屬於這類的接合形式。雖然這種接合方式的強度低，容易產生自身的變形，但是對於整體架構的巨大變形具有追隨性高、構造黏性強的特性。此外，有時候也會與插榫、暗榫、楔形物等接合工具一起使用（參照第94頁）。

五金構件接合

關於木材之間的連接可分為兩類，僅以五金構件做為力量傳遞的接合方式（圖2②）、以及在榫、燕尾榫等傳統接頭上併用螺栓的方式。

僅以五金構件做接合時，螺栓、及插針（參照第96頁）是利用將五金構件嵌入木材以形成傳達載重的支撐力，因此必須確保構件在木材端部發揮作用的有效距離。

另一方面，在併用五金的接合形式（參照第90頁）中，主要的載重傳遞還是藉由木材之間的咬合來進行，使用五金是為了防止接頭拔出而脫離。

接合用的五金種類繁多，開發出了許多不同的樣式。然而，也有一些過於重視施工便利、或外觀美觀的構件，一旦從構造觀點來檢視這類五金，就會發現是有問題的。選用五金構件時，還是必須以接合部位所要求的性能詳加考量為宜。

黏著接合

採用接著劑來接合，是使用於集成材做為構造方法的接合方式（圖2③）。其中的代表典型是在接合部位插入鋼筋之後，再以接著劑將鋼筋與木材結合。採用這種接合方式雖然可以得到很高的強度，但因為施工管理比較困難，因此在使用範圍上受到限制。

➤ 圖1 搭接與對接

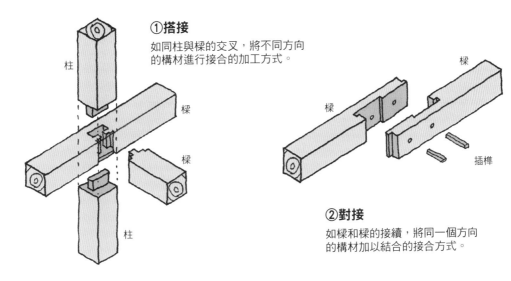

①搭接
如同柱與樑的交叉,將不同方向
的構材進行接合的加工方式。

柱
樑
樑
柱

樑
樑
插榫

②對接
如樑和樑的接續,將同一個方向
的構材加以結合的接合方式。

➤ 圖2 接合部的種類

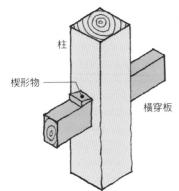

柱
楔形物
橫穿板

①嵌合接合
構材之間相互咬合,以木材特有的
「壓陷力」來抵抗作用力的接合方
法。雖然強度較弱、但構造即使變形
也不易解體的變形能力高。

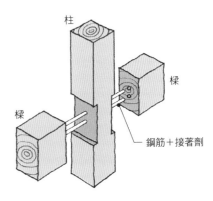

柱
樑
樑
鋼筋+接著劑

②五金構件接合
以接合五金來進行結合的方式。須盡
可能使強度、剛度、黏性達到要求,
利用五金的形狀來設計固定方式。

柱
樑
插針

③黏著接合
使用接著劑的接合方式。雖然強度、剛度
高,但是黏性低,因應變形的能力低。

樑柱構架工法的搭接

POINT

▶ 通柱系統與通樑系統皆可分為純木材接合、併用五金構件接合、及純五金構件接合等三種方式

樑柱構架式工法的搭接可區分為通柱型（圖1）、及通樑型（圖2）。

通柱型

純木材的接合

是使用嵌木、並以打入插榫（圖1①）、或者以暗榫連繫的接合方式。有垂直載重的地方以插入大型構材的方式支撐，再以插榫、或暗榫防止樑的拔出脫落。

併用五金構件接合

以插入大型構材的部位支撐垂直載重，再以鍵形螺栓安裝在樑的上部、或下部，防止樑的拔出脫落（圖1②）。考量設計的美觀性，也有將拉引螺栓設計在樑斷面內的接合方式（圖1③）。

純五金構件接合

先將五金構件以螺栓安裝在柱的側面，接著將樑完全嵌入後再埋入插針來接合。採行這種接合方式時，必須要控制木材的含水率，並且確保材料尺寸的安定性，做法上包含顎掛型（圖1④）接合、以及掛勾型（圖1⑤）接合，後者是

在樑的下端埋入顎型五金來支撐垂直載重所需的向上支撐力。

通樑型

純木材的接合

其中，將插榫打入長榫中是最常見的固定方式（圖2①）。打入的位置必須綜合考慮插榫、長榫、木地檻、以及樑的耐力等的物理性質之後再加以決定。

併用五金構件接合

柱以短榫插入樑之後，再運用鍵形螺栓、或條狀五金（圖2②）來防止接頭的拔落。柱的拉拔力很大的時候必須再安裝拉引固定五金（稱為補強五金、圖2③）。考慮設計性時，也有將拉引螺栓藏在柱斷面內的接合方式（圖2④）。

純五金構件接合

將鋼管、或鋼板插入柱樑之間，再打入插針予以接合的方式（圖2⑤）。這種做法有利於設計美感與施工，但必須十分注意打入的間隔、以及插針與柱的端部距離。

➤圖1　通柱的搭接

①純木材接合（嵌木）

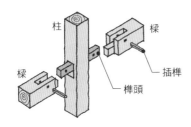

②併用五金構件接合（毬形螺栓）

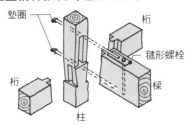

③併用五金構件接合（雙頭拉引螺栓）

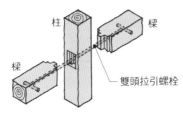

④純五金構件接合（顎掛型）

⑤純五金構件接合（掛勾型）

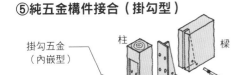

➤圖2　通樑的搭接

①純木材接合

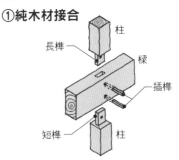

②併用五金構件接合（長條五金）

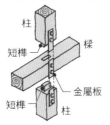

③併用五金構件接合（拉引固定五金）

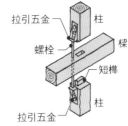

④併用五金構件接合（雙頭拉引螺栓）

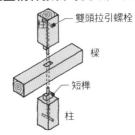

⑤純五金構件接合

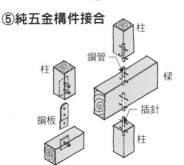

傳統的對接與搭接

POINT
➤ 一般接合部位常用的燕尾式與蛇首式接頭，需注意因
乾燥收縮而引起的緩慢鬆弛現象

傳統的對接

「追掛對接」（又稱「斜口榫接」）是將木材相互咬合後再以插榫打入兩處的接頭形式。因為是相同木材纖維方向直接咬合，可承受的拉應力最高，但施工時需要較高的精密度。

「金輪對接」與「「夾尾對接」在形狀上稍有差異，但就構造上抵抗力量的方式是相同的。在咬合的部分以打入楔形榫來提高固定的緊密度。雖然施工誤差可以用這個部分來調整，不過因為榫是在纖維的垂直方向上受力，因此抵抗拉力的強度比追掛對接要低。

箭頭形狀的接頭稱為「蛇首式」，而梯形的接頭則稱為「燕尾式」。這些接頭都是在對應的接頭凹槽處傳遞垂直載重，製作成蛇首式、及燕尾式的主要目的是為了防止拉拔脫落的情況發生。但實際上，隨著木材乾燥收縮程度的不同，有些接頭仍有容易拔出脫落的情形，原則上會併用拉引五金來施做。

「台持對接」（又稱為「平斜口對接」）則是在使用圓木構築屋架時經常採用的做法，以在支撐點上進行對接連結為基本原則。

「竿」是樑貫穿通柱時，用來延伸某一側的樑時所使用的長型榫頭。相較於嵌木，竿形成的伸縮空隙更小，因而承受拉力的耐力很高。

「插榫」是以正方形、或圓形的榫心打入樑側面的方式。「暗榫」（又稱為「車知榫」）的做法是將約9公釐的小木片，兩片一組成八字形，以稍微錯開的方式打入樑的上部。

傳統的搭接接頭

「勾齒搭接」是在兩道樑上開鑿缺口並加以垂直咬合的簡單形式。

「燕尾榫」的做法是，要讓兩道樑的上緣均齊時，在樑的上側做出燕尾形的榫頭，再套入在下方的接受樑上，可用在要使兩道樑的上緣均齊時。「燕尾搭接」是搭建屋架時可見的接合方式（參照第160頁），當兩道樑的高低不同時，將燕尾榫做在樑的下側，套在桁樑上並加以固定。

「嵌木」是以30公釐厚的板貫穿通柱之後，再以木塞、或暗榫來繫結。因為只有很小部分的樑插入通柱裡，以「竿式接頭」的做法可以提高施工性，也可以藉此統整樑的長度。

➤ 圖1　傳統的對接接頭

①追掛對接

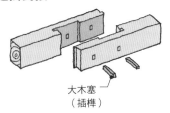

大木塞
（插榫）

②金輪對接

木塞

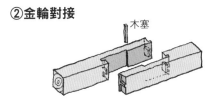

③夾尾對接

木塞

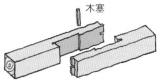

④凹槽燕尾對接

燕尾

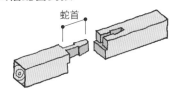

⑤凹槽蛇首對接

蛇首

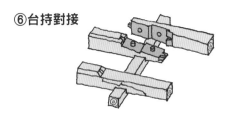

⑥台持對接

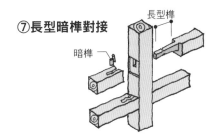

⑦長型暗榫對接

長型榫

暗榫

➤ 圖2　傳統的搭接接頭

①勾齒搭接

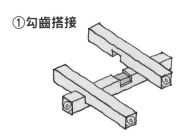

②入榫燕尾搭接

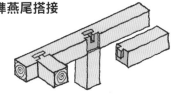

③燕尾搭接

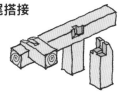

④嵌木

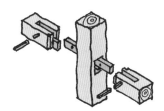

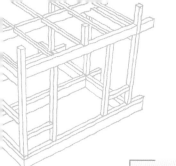

040　接合物的種類①
插榫的性能

柱腳（插榫接合部）的破壞

　　用於接合的木塞與鐵釘等都稱為接合物。木材的接合物中包含插榫、暗榫、嵌木、楔形物等數種。在此將針對最常被採用的插榫接合來討論其耐力狀態。

　　插榫接合在受到拉力作用時會出現的破壞模式包含，①榫頭的破壞、②插榫本身的破壞、③木地檻（樑）的破壞等三種。破壞的強度則會受柱材的樹種、榫頭厚度、插榫的樹種、直徑、位置、以及木地檻的樹種與斷面積等因素的影響。

①榫頭的破壞

　　從插榫傳遞來的力量造成榫頭下側產生割裂而拔出的破壞（剪斷破壞），破壞後耐力急速下降。榫頭對拉力的抵抗能力與插榫下方的榫頭斷面積成正比。

　　因此，插榫最好從木地檻的上側打入，可以提高榫頭的耐力。

　　此外，增加榫頭厚度（一般來說為30公釐）也能有效提高耐力。

②插榫本身的破壞

　　插榫也可能會在榫頭與木地檻的交界處產生折斷破壞（彎曲剪斷破壞）。與①相反，這種破壞出現在榫頭強度比插榫高的時候。由於插榫會因為受力彎曲成山形而折斷，破壞後插榫會陷進榫頭與木地檻的縫隙間，隨後形成如楔形物般的作用。因此，破壞後的耐力以緩慢的速度下降，具有較強的黏性。

　　此外，柱與木地檻的破壞在修補工作上屬於大工程，若先破壞插榫，再替換新的插榫，這種重建方式相對能讓工程更省事。

　　插榫的形狀一般以15公釐、或18公釐的正方形、或圓形來製作。就構造上來說，只要具有相同的斷面積，不管是圓形、或方形的插榫都會有相同的剪斷耐力。

③木地檻的破壞

　　從插榫的位置沿著木地檻纖維方向撕裂，這是屬於非常脆性的破壞性狀（剪斷破壞）。當插榫過粗、或位置太靠近木地檻上側，就容易產生這種破壞形態。

➤圖 長榫式插榫打入柱腳的破壞形式

①榫頭的剪斷破壞

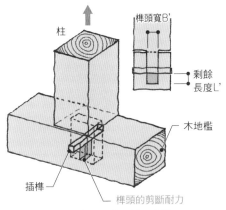

抵抗剪斷力面積A＝B'×L'×2面

木地檻與插榫完好，但榫頭從插榫處撕裂。

②插榫的彎曲剪斷破壞

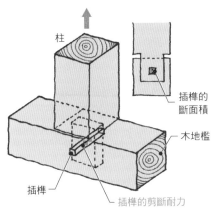

抵抗剪斷力面積A＝插榫斷面積×2面

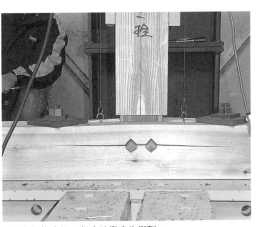

榫頭與木地檻完好，但插榫產生彎折。

③木地檻的撕裂

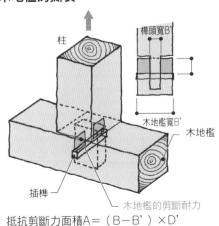

抵抗剪斷力面積A＝（B－B'）×D'

榫頭與插榫完好，但木地檻產生撕裂。

力・木材　構架・接合　剪力牆　樓板組・屋架組　構架計畫　地盤・基礎

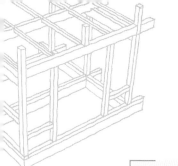

螺栓接合的性能

> **POINT**
> ➤ 為使螺栓接合具有較高的黏性，必須確保螺栓的「端部距離」

螺栓的接合形式有兩種

採用螺栓進行接合的形式包含，從構材兩側夾緊並且將三段材料緊密結合的形式（接合形式A）、以及將兩段材料合起來的結合形式（接合形式B）這兩種方式。

當被接合的材料出現拉力作用時，螺栓會在接觸面之間產生剪斷作用力（參照第26頁），分別在接合形式A時為「雙面剪斷」，在接合形式B時為「單面剪斷」。

①接合形式A的破壞方式

可以就木材從螺栓處撕裂、以及螺栓彎折等兩種情況來思考。由於木材撕裂的破壞形式是失去黏性且易脆的，應該盡量避免這種破壞形式。因此，確保螺栓與木材端部的「端部距離」是很重要的。

②接合形式B的破壞形式

這種破壞形式也能從木材產生撕裂、以及螺栓產生彎折兩種情況來討論。不過，即使接合形式B的螺栓貫穿長度與接合形式A相同，因為螺栓的剪斷面積相對較少，容易造成偏心載重使兩段木材相互扭曲（請參照126頁），因此形式B的耐力是比形式A的耐力還要低的。然而，在確保螺栓的「端部距離」這點上，與形式A同等重要。

利用鋼板與插針

將各木材以螺栓接合時，由於木材是屬於比較柔軟的一方，因此整體的強度常常取決於木材對破壞的耐力程度。但是，如果將接合形式A的側邊再以鋼板襯墊，或者在兩段木材之間夾入鋼料的話，螺栓壓陷木料的情形會比只以木料接合時來得小，整體的強度也會因此大大提升。

而且，不使用螺帽結合，而以插針直接打入的結合方式也能具有相同的強度。不過，在接合工作剛完成的時候，打入插針的做法因為完全不會產生空隙，所以剛度較高，但是當出現較大的變形、或者木料產生乾燥收縮時，利用螺帽接合的螺栓接合方式反而具有較高的黏性。

→圖 承受剪斷作用力的螺栓接合形式

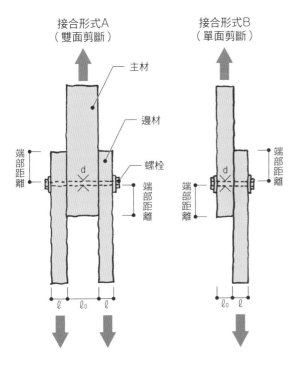

接合形式A
（雙面剪斷）

主材
邊材
螺栓
端部距離
端部距離
d

接合形式B
（單面剪斷）

端部距離
端部距離

ℓ ℓ_0 ℓ

ℓ_0 ℓ

承受剪斷作用力的螺栓配置

距離 · 間隔	纖維方向施力
s	7d以上
r	3d以上
e_1	7d以上（載重負擔側） 4d以上（非載重負擔側）
e_2	1.5 d以上 ℓ_0／d＞6的時候 1.5 d以上、以及r／2以上

備註：d：螺栓直徑　　ℓ_0：主材厚度

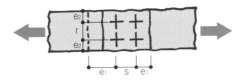

e_2
r
e_2

e_1　s　e_1

①接合形式 A 的破壞模式

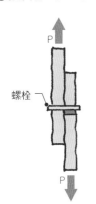

螺栓

P　P　P　P

P／2　P／2　P／2　P／2　P／2　P／2　P／2　P／2

1)邊材的受壓破壞
2)主材的受壓破壞
3)螺栓曲折破壞與邊材的受壓破壞
4)螺栓曲折破壞

②接合形式 B 的破壞模式

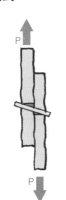
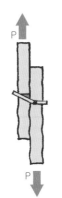
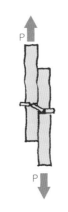

螺栓

P　P　P　P

P　P　P　P

1)邊材的受壓破壞
2)主材與邊材的受壓破壞
3)螺栓的剪斷破壞與主材（邊材）的受壓破壞
4)螺栓剪斷破壞

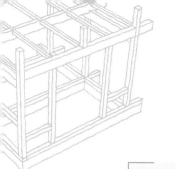

鐵釘的接合性能

> **POINT**
> ➤ 鐵釘接合的強度受到釘頭大小、柄身長度、粗細、與
> 材料端部起算的「端部距離」等因素影響

鐵釘的種類與形狀

繫結構材所使用的各種接合物中，鐵釘是最常被使用的材料。因應各種使用目的，鐵釘有許多材質與形狀的變化，使用上有很多類型可以選擇。

鐵釘的形狀依據其頭部、柄身、端部的範圍來進行分類。

釘頭的作用在於防止板材等材料從外側脫離。一般而言，頭部較寬的鐵釘是在接合較軟的材料時使用。而進行裝修施工時則使用頭部較小的鐵釘，並且會將鐵釘稍微嵌入些，再以其他材料加以覆蓋。不過，如果是用來繫結具有構造作用的板材時，例如剪力牆、或水平樓板等，鐵釘的頭部尺寸將變得非常重要。

在柄身方面，為了提高與構材之間的摩擦力，有些鐵釘的柄身會加上凹凸紋路。

為了使鐵釘容易打入木料，尖頭狀的端部是一般常見的種類。處理受到衝擊容易裂開的木料時，則會以更銳利的釘頭來施工。

鐵釘的抵抗方式

在以鐵釘固定於柱子的板材上施加作用力時，板材和柱會產生滑動，在這樣的情況下最終所出現的破壞模式有，①鐵釘從柱上拔出、②板材破裂、③鐵釘折損等三種可能性。

對於防止①的情形發生，最好加深鐵釘釘入柱子的深度，並且提高柄身的摩擦力。

因為②的情況容易發生在較為柔軟的板材上，因此可以加大鐵釘頭部的面積，藉此提高抵抗嵌入材料的耐力，另一方面也須注意不要過度將鐵釘釘入。此外，與螺栓接合的情況相同，確保鐵釘與構材的「端部距離」也是相當重要的（圖2④）。

對於③的情況，將鐵釘柄身加粗是有效的解決方式，在固定構造材時可以選用專用的粗釘。

鐵釘與螺釘的差別

螺釘因為柄身有螺紋加工，所以比鐵釘擁有更大的摩擦力，不易從構材中拔出脫落。但是，因為螺釘不具黏力，易產生脆性破壞，使用時必須對此特性有一定程度的認知才行。

➤ 圖1 特殊釘的形狀

①頭部

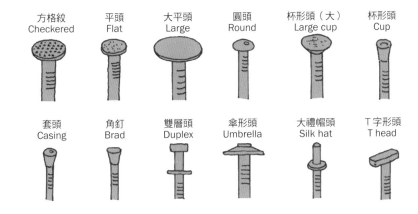

方格紋 Checkered | 平頭 Flat | 大平頭 Large | 圓頭 Round | 杯形頭（大）Large cup | 杯形頭 Cup

套頭 Casing | 角釘 Brad | 雙層頭 Duplex | 傘形頭 Umbrella | 大禮帽頭 Silk hat | T字形頭 T head

②柄身

平滑 Smooth
環狀 Ring
螺旋形 Screw
刺狀 Barbed
方形 Square
裂齒狀 Scrring

③端部

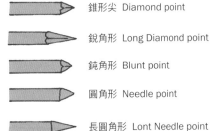

錐形尖 Diamond point
銳角形 Long Diamond point
鈍角形 Blunt point
圓角形 Needle point
長圓角形 Lont Needle point
鑿形 Chisel point
無尖端 Pointless

➤ 圖2 釘接合的破壞形式

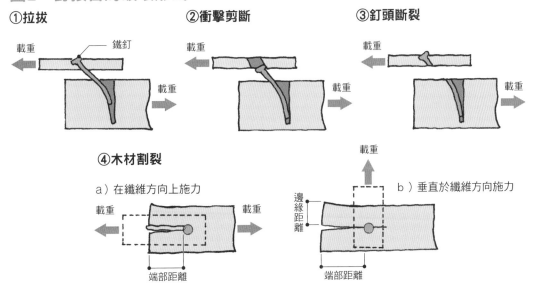

①拉拔　　②衝擊剪斷　　③釘頭斷裂

載重　鐵釘　載重　　載重　載重　　載重　載重

④木材割裂

a）在纖維方向上施力　　b）垂直於纖維方向施力

載重　載重　載重

邊緣距離

端部距離　　端部距離

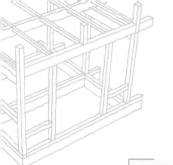

接合五金的強度

> **POINT**
> ➤ 從試驗的結果得知接合的強度是由「最大荷重 ×2／3」和「降伏耐力」之中數值較小的一方來決定

試驗方法簡述

在木造中使用的接合五金構件有各式各樣的種類，這些五金構件的容許耐力是經由試驗結果來訂定的。試驗方法依據「木構造構架工法住宅的容許應力度設計」（財團法人日本住宅・木材技術中心）所指示的方式進行。

①樑端部的垂直支撐力

在五金工法中使用的樑端部接合五金，必須確認其對垂直載重的支撐耐力。確認方法是在約910公釐的短跨距構架上施加垂直載重後測定「樑的下沉量」。以短跨距來測定的原因在於，接合部位僅會受到剪力作用（使樑不產生彎曲應力為前提來測定）。如圖1所示，除了將柱加以固定來測試之外，同樣也會將樑材固定後施行試驗。

②剪力牆周邊的柱頭與柱腳

關於柱的拉拔脫離情況，可進行對接接頭的拉力試驗。以螺栓將基礎固定在試驗裝置上，再將柱材垂直豎立來測定柱與基礎的分離狀況。

③水平樓板面周邊的對接與搭接

對於水平樓板的外周部位所產生的拉力，可進行對接與搭接接頭的抗拉耐力試驗。對於樑材與樑材的對接，可以進行與①相同的試驗。通柱的對接與搭接接頭測定，是對兩段柱材施加拉力後，測定兩者的脫離狀況。

強度的評估方法

試驗結果以縱軸代表載重大小、橫軸代表變形量，以此製作成載重與變形的關係圖（圖2）。這條曲線便稱為「載重－變形曲線」。關於變形量的表示，①是樑端部的下沉變形量，②③是兩構材之間的分離量。在試驗中載重會持續施加直到接合部位破壞，不過如果變形量超過30公釐，則以變形至30公釐為止的曲線來表示並判定其強度。

接合的強度是以「最大荷重×2／3安全率的數值」、及「降伏耐力」中較小的數值再乘以變異係數來計算。這個數值被視為短期容許耐力，因此承受長期載重所需要的容許耐力，如樑端部的垂直支撐力，就必須再乘以1.1／2的安全係數來計算。

➤ 圖1　接合部的耐力評估試驗

①樑端部的垂直支撐力

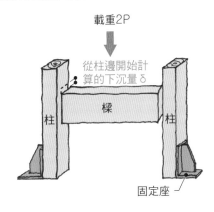

載重2P

從柱邊開始計算的下沉量δ

柱　樑　柱

固定座

②剪力牆周邊的柱頭與柱腳

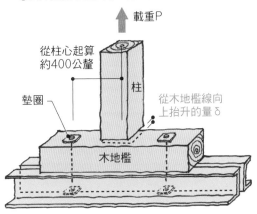

載重P

從柱心起算約400公釐

墊圈

柱

從木地檻線向上抬升的量δ

木地檻

③水平樓板周邊的對接與搭接

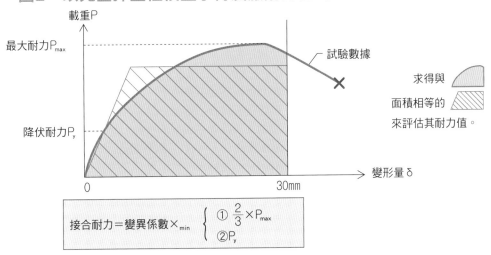

載重P

150公釐左右

小樑

從大樑邊緣向上抬升的量δ

大樑

載重P

分離量δ

載重P

➤ 圖2　以完全彈塑性模型求得屈服耐力值的方法

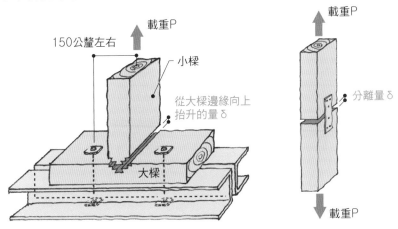

載重P

最大耐力P_{max}

降伏耐力P_y

試驗數據

求得與　面積相等的　來評估其耐力值。

變形量δ

0　　30mm

$$接合耐力＝變異係數×_{min} \begin{cases} ① \frac{2}{3} \times P_{max} \\ ② P_y \end{cases}$$

手工製與預製

位　置	手工加工（手製）		預　製	
圍樑＋柱				
樑＋樑				
相交搭接	上方樑　將上部鑿出約15公釐的缺口　下方樑		上方樑　上部無缺口　下方樑　轉角倒角處理	
對接接頭				
其　他	• 將乾燥收縮的因素納入考量之後再進行加工 • 常以15公釐做為倍數來決定各尺寸		• 以完全乾燥製成的角材來加工 • 因鑽床加工的緣故，轉角處呈現弧形	

判讀木材的重要性

將木材以鑿具等工具加工稱為「鑿刻」，為了進行鑿刻而做的記號稱為「上墨」。了解木材的特性並依據使用部位選用適當的材料、及加工，是大木作師傅最重要的任務。日本木造使用的接合形狀之所以如此多樣，可以說都出自於大木作匠師工夫的產物。

然而，近年來由於施工期限縮短，加上擁有這類技術的施工者愈來愈少的緣故，因此將木作接合部位以機械進行加工之後，到現場僅進行組裝的工法逐漸成為主流趨勢。這種稱為「預製」的工法是將加工用機械與CAD[8]連結，可以製作出主要的加工形狀，遇到特殊形狀需求時再輔以手工的做法。此外，為了使構材外形均一化，將材料完全乾燥處理是必要的工作。

不過，機械製作雖然便利，卻不能「判讀木材」。因此，為了使構造上的重要部位不會出現缺陷，仍需以目視來一一確認。

譯注：
8.CAD是computer aid design的縮寫，電腦輔助設計的意思，可使設計端與製成端進行連結而提高生產的便利性。

03
Chapter

不被地震・強風擊倒的構造
是由牆體來達成

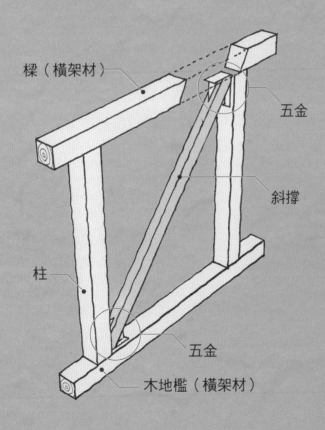

樑（橫架材）

五金

斜撐

柱

五金

木地檻（橫架材）

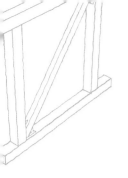

剪力牆的量與配置

> **POINT**
> ▶ 剪力牆是抵抗水平力最重要的元素，不僅要確保壁體
> 量，配置時也要防止牆壁產生扭曲

剪力牆的角色與必要的配置量

　　當建築物受到地震力、及風壓力等水平力的作用時，剪力牆是不讓建築物倒塌、且能與之對抗最重要的構造元素。然而，木造的接合部位若想使用剛接卻是很困難的（參考第28頁）。特別是在住宅中，因為各個構材的斷面尺寸都很小，如果僅有柱樑構架的話，當水平力作用出現時，建築物會出現大幅的傾斜而有倒塌的可能。為了防止這種情形發生而配置的元素，就是剪力牆。

　　所有剪力牆的水平抵抗力總和就是建築物整體的水平抵抗力。水平的抵抗力必須超過所有作用在建築物上的水平力。在進行設計的時候必須以這種思考模式來確保剪力牆的配置量。

　　要確認剪力牆的量是否大過整體水平力的作用，其中一個方法就是「壁量計算」（參照第120頁）。個別剪力牆的水平抵抗力（壁體倍率×壁體的長度）的總和如果超出必要的壁量（根據地震力與風力計算所必須配置的壁量），就能確保建築物的耐震性能。不過必須注意的是，要以「能夠確保剪力牆性能且各牆均等受力」為前提來進行壁量計算。

剪力牆的配置方法

　　剪力牆是為了不產生對建築物有害的扭曲、或變形而設置的，設置原則是均衡地配置。所謂良好均衡配置，是指讓建築物重量的中心（重心）與水平抵抗力的強度中心（剛心）盡可能接近的意思（重心與剛心的距離稱為偏心距離，參照第126頁）。

　　圖2①～③中，雖然總體看來偏心距離是零，但如果是圖2①的情況，將剪力牆都集中在建築物中心部位，外周樓板在地震時就很容易出現搖晃。此外，即使剪力牆的配置方式不同（圖2②③），只要確保牆壁長度相同，兩者的「扭轉剛性」就會相同，因此剪力牆不見得一定要配置在建築物的四個角落。

➤ 圖1　剪力牆的角色

①單純的柱樑構架

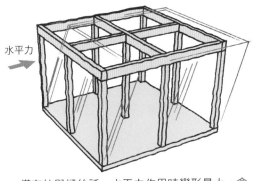

水平力

僅有柱與樑的話，水平力作用時變形量大，會導致倒塌。

②配置剪力牆的構架

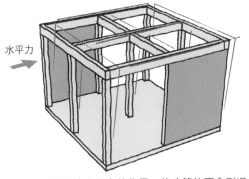

水平力

剪力牆能對抗水平力的作用，使建築物不會倒塌。

➤ 圖2　剪力牆的配置與建築物的變形

①在中心部位配置剪力牆

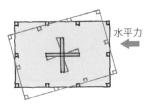

水平力

一旦將剪力牆配置於建築物的中心，偏心距離雖小，但容易出現建築體扭轉的情形。

②在四個角落配置剪力牆

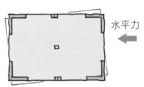

水平力

將剪力牆配置於建築物的四個角落時，不易產生扭轉現象。

③在外周部配置剪力牆

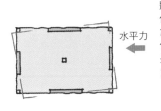

水平力

將剪力牆配置於外周部位時，不易產生扭轉現象。此外，剪力牆如果保有相同的壁體倍率與長度，無論是否配置在角落，都會具備相等的「扭轉剛性」。

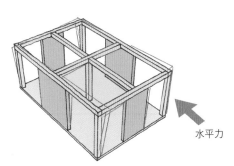

水平力

力‧木材──構架‧接合──**剪力牆**──樓板組‧屋架組──構架計畫──地盤‧基礎

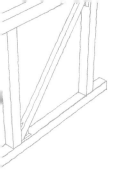

剪力牆的形式有三種

POINT
▶ 剪力牆的抵抗形式有三種，無論是哪一種形式，在對角線的壓縮與拉伸區域的「強度」、以及固定方式都非常重要

剪力牆的抵抗形式

假設火柴盒僅有外盒部分時，一旦施力就很容易被壓垮，但如果在外盒中再插入內盒的話，就不會那麼容易被壓垮。建築物也是同樣的道理，沒有牆壁而僅有柱樑的狀態時，一旦從水平方向施壓，即使是小小的作用力也會引發很大的形變（圖1）。為了將變形量控制在最小限度而採取的固定構材就是所謂的剪力牆，其中又可大致區分成三種形式（圖2）。

①抵抗軸力型

僅以壓力、或拉力在軸方向形成的軸力來抵抗，利用斜撐、或鋼製支撐物等，將線材斜向設置而成（參照第108頁）。

②抵抗剪力型

使壁材自身產生菱形形變，以「面」的方式來抵抗作用力。例如，將構造用合板、或石膏板等材料固定於構架的方式（參照第110頁），或者使用土牆（參照第114頁）、或灰泥壁等濕式施工的方式。

③抵抗彎力型

使柱、或樑產生Ｓ形變的方式來抵抗，例如橫穿板牆（參照第112頁）、欄條格子牆、或剛式構架（參照第116頁）等。

剪力牆的抵抗機制

在剪力牆上施加水平力之後，牆體會產生菱形形變（圖3），牆體一旦變成菱形，會立即出現拉伸的對角線（拉伸側）、以及被壓縮的對角線（收縮側）這兩條軸線。

拉伸側對角線因為受到拉力作用，構材端部如果沒有確實固定，接合部就會從構材中拔出脫離。反之，如果確實固定的話，構材自身會伸長而使斷面變細。

另一方面，收縮側對角線因為是屬於壓力作用，構材的中央部位會向外膨脹而崩壞。如果將對角線的交叉處放大來看，就可以清楚了解在土牆、或濕式牆壁中為何會在斜向上出現裂紋（圖3）。

反之，如果因為牆體剛度足夠而無法產生菱形形變時，整面牆體則會產生扭轉而鬆動，進而導致承重能力的下降。

▸圖1　牆體的角色

①無牆體的構架變形

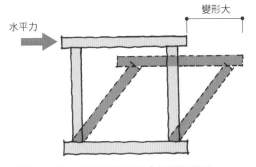

若無剪力牆，變形量增大時會使構架崩塌。

②有壁體的構架變形

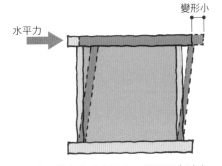

配置剪力牆來使強度提高，變形量會減少。

▸圖2　壁體的抵抗形式分類

①抵抗軸力型

斜撐

‧斜撐的固定方式會對耐力產生影響。
‧斜撐的板材厚度會對耐力產生影響。

②抵抗剪力型

板材

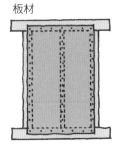

‧釘子的粗細與間隔會對耐力產生重大影響。
‧面材的厚度、及強度對耐力有些許影響。

塗覆牆

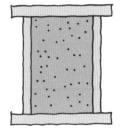

‧塗抹的厚度會對耐力產生影響。

③抵抗彎力型

橫穿板

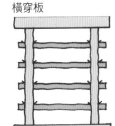

‧橫穿板的寬度會對耐力產生影響。
‧橫穿板的深度對耐力也會有些許影響。

▸圖3　牆體的變形與應力

① 剛度高的剪力牆＝柱腳損傷（壁材輕微損壞）
② 剛度低的剪力牆＝壁材損傷（柱腳輕微損壞）

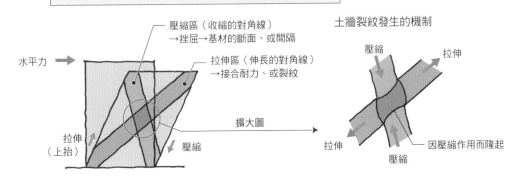

斜撐壁體的抵抗形式

> **POINT**
> ➤ 拉力斜撐、及壓縮斜撐具有不同的抵抗性質
> ➤ 拉伸時須注意接合方式；壓縮時須注意挫屈現象

單斜支撐與斜交支撐

所謂斜撐（支撐）是指將構架的對角連繫起來的構材，以木材、或鋼材為主要用材（圖1①）。一個構架設置一根斜撐稱為「單斜支撐」（圖1②）；以兩根斜撐交叉設置者稱為「斜交支撐」（圖1③）。若水平力作用在單斜支撐的牆壁時，依據作用力的方向，會在斜撐上產生拉力、或壓力。前者產生的力稱為「拉力斜撐」，而後者為「壓力斜撐」，從名稱上就可以看出抵抗作用力的方式不同。

拉力斜撐

在圖2①的構架上，從左側施以水平力時，斜撐會形成拉力斜撐（圖2②）的型態。雖然此時構架形變成平行四邊形，但是因為斜撐在對角線方向上被延展，如果接合部位只是稍微釘住而已，很快就會被拔出脫離。因此，為了使接合部不要產生拉拔破壞，必須使用專用五金來加以固定。

壓力斜撐

另一方面，如果水平力是從右側作用，則斜撐會形成壓力斜撐（圖2③）。此時的接合部位只要固定好就不會產生問題，但若使用了厚度較薄的材料就很容易產生挫屈（參照第66頁）。如果材料中間出現樹節的話，也會很容易從這個地方折斷。反之，如果斜撐不產生挫屈的話，卻會讓樑材容易被頂起，要避免這種情況就必須注意柱與樑的接頭是否確實牢固地接合。

再者，加入間柱並在斜撐中間連結固定的話，會有縮短斜撐「挫屈長度」的效果。如果不設置間柱，為了防止挫屈現象發生，使斜撐的材料厚度與柱相同是必要措施。

依據上述兩種抵抗形式的不同，斷面尺寸相同的材料，用做壓力斜撐的強度較強而做為拉力斜撐的強度稍弱。然而，若是以鋼材做為斜撐使用時，因為鋼材管徑較細而容易產生挫屈，僅有在做為拉力斜撐時才會有效，原則上會在斜交支撐時使用。

➤圖1 斜撐壁

①設置斜撐的構架

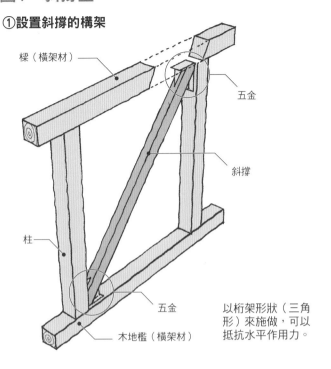

樑（橫架材）

五金

斜撐

柱

五金

木地檻（橫架材）

②單斜支撐

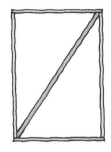

③斜交支撐

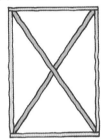

以桁架形狀（三角形）來施做，可以抵抗水平作用力。

➤圖2 斜撐對應拉力與壓力的作用

①單斜支撐的抵抗

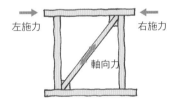

左施力

右施力

軸向力

如左圖所示的單斜支撐，依據不同的水平施力方向而產生「拉力斜撐」、或「壓力斜撐」。
左方施力時會形成拉力斜撐，需注意接合部位的固定。
右方施力時會形成壓力斜撐，需注意挫屈現象的產生。

②拉力斜撐

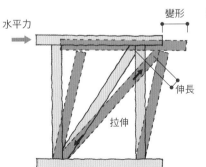

水平力

變形

伸長

拉伸

③壓力斜撐

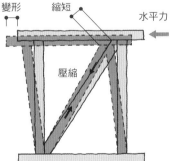

變形

縮短

壓縮

水平力

八字形斜撐構架的實驗情形。前方斜撐因受壓力作用而向材料面的法線方向產生挫屈。

力‧木材‧構架‧接合 **剪力牆** 樓板組‧屋架組 構架計畫 地盤‧基礎

鐵釘是面材牆體的關鍵

POINT
➤ 以面材構成的剪力牆是由鐵釘來左右成敗。必須遵守面材做法所規定的鐵釘粗細、長度、以及間隔

何謂面材牆體

將構造用合板、或石膏板等面材固定在橫向材與柱、或間柱之上的牆體，就稱為面材牆體（圖1①）。其耐力受到面材自身的硬度、固定面材所用的鐵釘粗細、以及間隔影響。

若面材牆體受到水平力作用使得構架變形成菱形時，面材會跟著變形呈現波浪狀（圖1②）。這種現象稱為「面外挫屈」，此時，固定面材用的鐵釘會出現拉拔力作用。產生與此作用力相對抗的兩種力，包含鐵釘與木材之間的摩擦力、以及釘頭對面材的壓陷耐力（參照第98頁）。

在面材與鐵釘之間作用的力

鐵釘與木材之間的摩擦力，會受到單支鐵釘的粗細與打入的長度影響。因此，施做時會盡可能採取最粗的直徑、以及可能打入的最長長度來施做，這樣會使鐵釘與木材之間的摩擦面積增加。

另一方面，釘頭壓陷面材的耐力是受到面材自身的軟硬度、以及釘頭大小的影響。釘頭愈大，壓陷面材的面積也就愈大。例如，表面很軟的構造用合板，釘頭如果太小，打入後會被面材完全吃掉，甚至有貫穿的疑慮。也因此在使用機械將鐵釘打進面材裡的時候，必須調整機器的壓力，不要讓釘頭完全沒入面材中。

除此之外，必須確保面材外緣至鐵釘的距離（也就是材料的端部距離）。這個距離一旦過短，面材會從鐵釘釘入的位置開始破裂，特別是容易產生脆性崩壞的石膏板類面材，必須多加留意。一般來說，從面材邊緣到鐵釘之間需留有20公釐左右的距離。

再者，面材被直接釘在橫向材、或柱子上的隱柱牆（圖1），或是讓柱形外露的露柱牆（圖2），由於兩者作用力的傳遞方式有些不同（參照第134頁），也會對牆體耐力產生影響，這點也必須記著比較好。

➤圖1 面材牆體

①貼附面材的構架

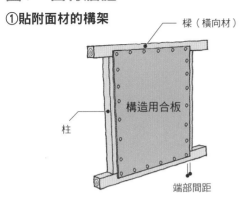

- 樑（橫向材）
- 構造用合板
- 柱
- 端部間距

②水平載重時的變形

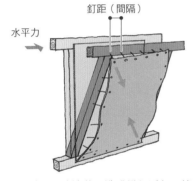

- 釘距（間隔）
- 水平力

面材呈現波浪狀，造成鐵釘浮起而拔出
→鐵釘的做法很重要。

構造用合板構架被破壞後，鐵釘被拔出、面板呈現波浪狀。

➤圖2 露柱牆做法的面材牆體

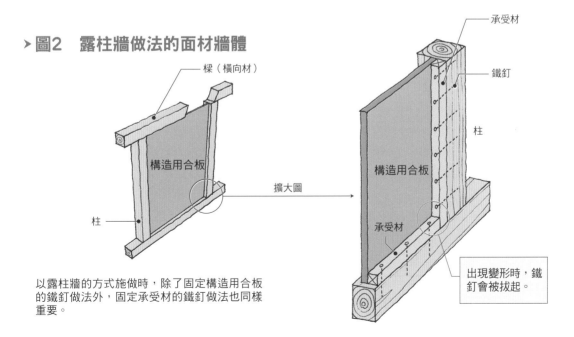

- 樑（橫向材）
- 構造用合板
- 柱
- 承受材
- 鐵釘
- 柱
- 承受材
- 擴大圖

出現變形時，鐵釘會被拔起。

以露柱牆的方式施做時，除了固定構造用合板的鐵釘做法外，固定承受材的鐵釘做法也同樣重要。

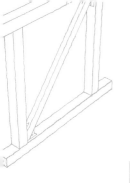

橫穿板牆的壓陷力

> **POINT**
> ➤ 橫穿板牆的強度受到壓陷面積影響
> ➤ 使用完全乾燥的材料來製作柱、橫穿板牆、以及楔形物

橫穿板牆的做法

　　所謂的橫穿板牆是將厚度15～30公釐左右的板材插入柱與柱之間，再以楔形物加以固定的牆體。在住宅中使用的橫穿板牆，一般是以一個框架安插四條橫穿板的做法為主（圖1①）。

　　以這種方式組合成的橫穿板牆，在出現水平力作用時，會以板條與柱接合部之間所形成的「壓陷力」來抵抗。因此，①橫穿板的厚度、②插入柱子的深度、③橫穿板的數量（接合部的數量）等因素對橫穿板牆的耐力有很大的影響。

　　以相同的形式來抵抗作用力（圖1②）的還有櫊條格子牆，這種牆壁的強度雖然很低，但是非常具有黏性。

　　橫穿板的厚度如果太薄，不僅壓陷的面積會減少，橫穿板自身還有向外挫屈的可能。反之，如果材料厚度太厚則會使柱的有效斷面積減少，因此以柱寬一半以下為板材厚度最大值來設計是比較恰當的。

　　就壓陷柱子的深度來說，如果板條能夠貫通柱子，會有很高的抵抗能力。從右圖來看，無論壓陷長度是到達柱的邊緣，或者只到柱的中間，兩者壓陷柱子時，柱子的抵抗面積都比實際貫穿的切口面積來得少（圖2）。因此，最好盡可能地將橫穿板貫穿柱子，並且讓突出

距離大過橫穿板的深度為佳。

　　雖然橫穿板數量增加能夠提高壓陷面積，不過這樣的做法會使橫穿板的間隔變窄，進而使柱子上的缺口間距過近造成柱材的有效斷面積減少。間距的最低限度應以超過橫穿板深度2倍以上的距離，最好能以600公釐為目標來進行配置。

楔形物的形狀

　　除上述之外，固定橫穿板的楔形物形狀也對牆體耐力有所影響（圖3）。若是將楔形物從柱的兩側打入，在牆體的中央處相接的話，因為楔形物與柱子之間容易出現間隙，遇地震之類不斷左右搖擺的作用之下，其中一邊的楔形物有可能會脫離掉落。為了不使橫穿板與楔形物之間出現間隙，將楔形物做成扁平狀也是解決方法之一。如果以單一楔形物貫通柱的話，就必定會在柱的某一側產生壓制的力量，而不容易發生脫落的情形。所以一般都會以這個概念加以變化，採用以單一楔形物從柱的某側打入並貫通的做法。

　　此外，由於橫穿板一旦出現間隙就會無法抵抗水平力，因此使用完全乾燥的材料來製作柱、橫穿板、及楔形物是非常重要的關鍵。

➤圖1　橫穿板

①插入橫穿板的構架

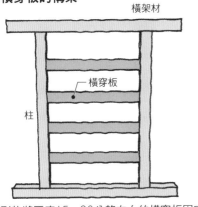

以楔形物將厚度15～30公釐左右的橫穿板固定於柱子上。一組框架使用3～5塊橫穿板是一般常見的做法。

②櫺條格子牆

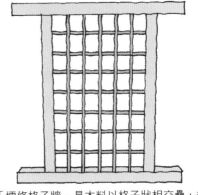

「櫺條格子牆」是木料以格子狀相交疊，並以壓陷的方式來抵抗水平力。

➤圖2　橫穿板的壓陷抵抗

a) 橫穿板貫通

b) 止於柱邊的橫穿板

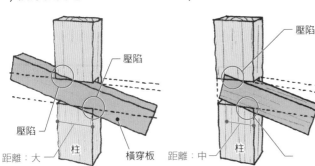

c) 止於柱中的橫穿板

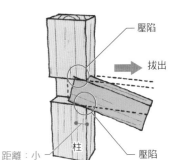

➤圖3　以楔形物來固定的種類

a) 一般楔形物

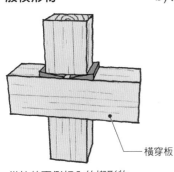

從柱的兩側打入的楔形物，遇持續搖擺時容易鬆脫。

b) 扁平楔形物

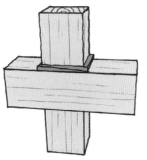

扁平楔形的斜率較緩，插入縫隙的長度更長，能有較穩固的狀態。

c) 單一楔形物

單一楔形物會在柱的某一側產生壓制而不容易發生脫落。

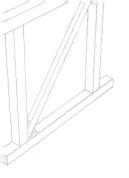

土牆・疊板牆

土牆的做法

土牆是指在插有三～四條橫穿板的框架中，以竹片、或板條等底材鋪開，再塗上泥土所構成的牆體（圖1）。

施工方法對像土牆這類濕式牆體的耐力有很大的影響。雖然這種牆體的耐力變化很難量化，不過近年來由於實驗數據的蒐集累積，逐漸有將土牆認定為剪力牆的趨勢。

土牆所使用的土是以黏土、稻稈、及水等原料混和而成的，一般分成三階段來塗覆。第一階段稱為粗抹、第二階段稱為中層、最後階段稱為面層。

就構造而言，以下三個關鍵點需加以注意，①底材與框架具有一體性、②土確實附著於底材上、③施做中層時將裂紋等間隙確實覆蓋。

在①的情況下，如果使用木質底材時，必須以鐵釘加以固定，如果是竹片底材則必須有某修的方插入框架中，以防止與框架產生錯動。②在進行粗抹時，

必須確實與底材密著。③是因為粗抹階段非常容易產生裂紋，必須在進行中層的工序時仔細將這些裂縫填補起來。因為中層是將壁體強度發揮出來的重要角色。受到地震等災害侵襲時，雖然中層會產生剝落，但這正表示中層發揮了耐力的作用。

疊板牆的做法

疊板牆是指，在兩根柱之間將27公釐以上的厚板從上方放入堆疊起來的牆體（圖2）。雖然是以暗榫連結板材，在受到水平力作用時，這樣的做法可以防止板與板之間產生移位，是牆體耐力得以發揮的必要措施。

要注意的是，如果插入用的板材乾燥不完全，隨著時間變化，在框架間會產生縫隙，而成為牆體耐力降低的原因。

如果確實注意施工上的關鍵，疊板牆會是黏性很強、並且能發揮良好承重能力的牆體。

➤ 圖1　土牆

竹架（插入柱或橫架材中、又或者打入橫穿板中）
竹片（寬度≧20公釐），或者是圓竹條（直徑≧ø12公釐）

楔形物

橫穿板
厚度t≧15公釐
寬度b≧100公釐
間隔@≦910公釐
並且在三根以上

橫穿板寬度b

竹底材（在竹架上以棕櫚繩等繫緊）
竹片（寬度≧20公釐）間距在45公釐以下

土　：堆積在水田或河床的田土、細緻度不高粗土、日本
　　　京都開採的京土、其他具有黏性的砂質黏土。
粗抹：100公升的土摻以0.4～0.6公斤的稻桿，兩面塗覆。
中層：100公升的土摻以0.4～0.8公斤的稻桿。

在木質底材上進行粗抹的情形

➤ 圖2　疊板牆

暗榫三根以上，且間距在620公釐以下
木材：15公釐角材，或者直徑15公釐以上
鋼材：直徑9公釐以上

疊板牆
（含水率15%以下）
厚度t≧27公釐
寬度b≧130公釐

放入暗榫，將板材一塊一塊插入

1800公釐≦柱距≦2300公釐

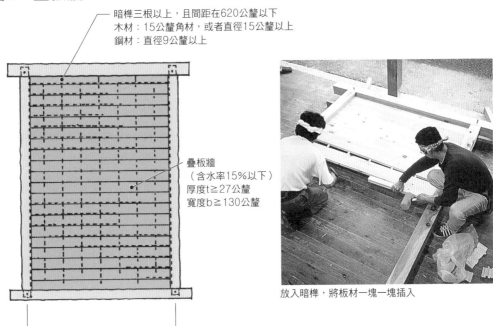

力・木材｜構架・接合｜剪力牆｜樓板組・屋架組｜構架計畫｜地盤・基礎

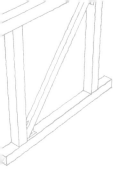

050　壁體強度①
剛式構架與隅撐

> **POINT**
> ➤ 僅以構架就能抵抗水平力的剛式構架，其性能是由柱
> 的粗細、以及接合方法決定的

木造上的剛式構架

　　柱與樑以鉸接接合的構架一旦受到水平力的作用，幾乎都無法抵抗作用力而倒塌（圖1①）。但以剛接接合時，受到同樣的水平力作用卻不容易傾倒（圖1②）。像這樣僅以構架就能抵抗水平力的做法稱為剛式構架。

　　木造住宅中，由於構材的斷面面積較小，接合的部位會很接近鉸接的位置，無法僅以構架來抵抗水平作用力，因此，設置剪力牆來抵抗就顯得相當重要。在集會空間等較大規模的木造建築中，則是會將構材的斷面加大以做成剛式構架的方式因應。

　　在木造剛式構架中，經常採用的接合方式如圖2。雖然這些接合方式主要是用來抵抗在接合部位產生的彎矩，但同時也必須支撐樑的垂直載重，因此必須設置全嵌式接頭或榫頭、暗榫。在通樑的做法上也可以採用同樣的接合方式。

隅撐的作用

　　隅撐是固定接合部的其中一種方式。一旦設置隅撐之後，柱樑接合部位的角度幾乎都會維持在90度的狀態（限制接合部位的轉動），如此來就可以讓剛式構架本身足以抵抗作用力（圖3①）。

　　因為隅撐也能有效縮短跨距，因此在對應垂直載重時，可以減少彎曲變形的情況（圖3②）。不過有一點不能輕忽，就是在設置隅撐的地方會因此出現很大的彎曲應力，必須特別注意。一般而言，樑的上方因為設置了樓板固定壓制的關係，彎曲應力的影響會比較小，但是柱子就會受到隅撐的擠壓而出現彎折。

　　因此，固定隅撐用的柱子必須以較大的斷面來設計。加大斷面時，最好能在隅撐擠壓的方向上增加斷面深度。在木材資源缺乏的時期所建造的木造校舍裡，也有利用兩～三根柱子並列來補強的做法。

▶圖1 剛式構架的特徵

①鉸接框架

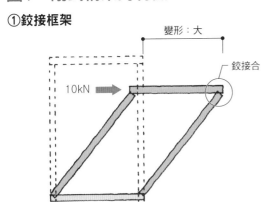

10kN

變形：大

鉸接合

柱與樑保持直線，變形成平行四邊形。

②剛式構架

變形：小

剛接合

10kN 90度

柱與樑呈S型變形，接頭角度維持在90度狀態。

▶圖2 半剛接合的種類

①組合樑彎矩接合

$M=fi\left(\Sigma ri^2 / rm\right)n$

③拉力螺拴型彎矩接合

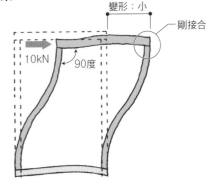

拉力螺拴

F

g

F

$M=Fg$

M

剪力釘（榫、暗榫等）

④拉力螺拴型彎矩接合（通樑形式）

M

拉力螺拴

F

F

剪力釘（榫、暗榫等）

樑

插針

插入鋼板組

插針

柱

②鋼板插入插針、鋼板加板螺拴型彎矩接合

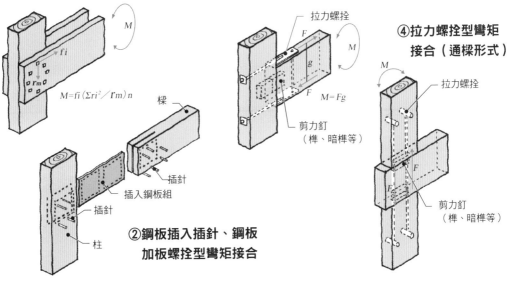

▶圖3 隅撐的注意要點

①對水平力的抵抗

水平力

隅撐

擠壓柱

柱

②對垂直載重的抵抗

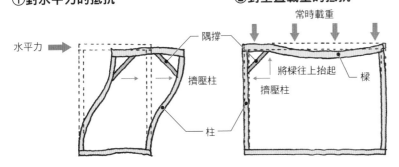

常時載重

將樑往上抬起

樑

擠壓柱

以隅撐確保接頭的角度維持在將近90度的狀態。
→接近剛式構架的形式

擠壓力會在柱的中段進行作用
→若柱過細會彎折
→要注意柱的斷面尺寸

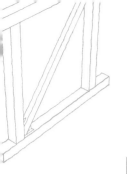

何謂壁體倍率 1？

POINT

➤ 壁體倍率 1 = 1.96 kN/m。此時的變形角度是 1／120，單斜支撐 = 斜交支撐／2。

壁體倍率1的定義

「壁體倍率」是用來衡量作用於剪力牆上的水平力會相對產生多少抵抗力（水平耐力）的指標。數值愈大表示在大地震那樣地搖晃時，牆壁本身的強度愈高。

壁體倍率1的判讀標準，是指在長度一公尺的牆體上施以1.96 kN（200公斤）的水平力作用時，其層間變位角（參照第34頁）變成1／120的牆體。換言之，當層間變位角為1／120時，保有1.96 kN水平耐力的剪力牆就是壁體倍率1的牆體。

因此，當壁體倍率為2的時候，就是有3.92 kN/m（＝1.96×2，即400公斤／公尺）的水平耐力，因此如果壁體倍率是5，就表示可以承受9.80 kN/m（公噸／公尺）的水平力。

再者，所謂層間變位角1／120，是指在中度地震時（震度5左右），木造築物的變形限制值。由此可見，壁量的計算，正是以因應中度地震為條件而設定的。

對角斜撐的壁體倍率與配置

單斜斜撐的壁體倍率是將雙斜斜撐的試驗結果簡單對分而來的（圖2），也就是壓縮斜撐與拉伸斜撐的平均值。不過必須注意的是，相同斷面尺寸的壓縮斜撐與拉伸斜撐在強度性質上是有所差異的（參照第108頁）。一般來說，木造的壓力斜撐剛度較高，而拉伸斜撐的剛度較低。

假設，在某個構架中設置了方向相同的斜撐，從左側擠壓時即使構架是堅固的，但從右側擠壓時就會變得很脆弱，可見得構架強度會依壓力的方向而改變。

當地震來襲時，因為力是左右交互作用的緣故，必須讓構架在左右搖晃的時候，以相等的強度來抵抗，因此對角斜撐必須在同一層、同一個框架內以一對（呈八字形、或 V 字形）的方式來配置。

➤圖1 壁體倍率1的定義

壁體倍率與水平耐力

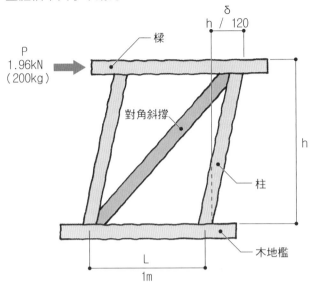

壁體倍率 1
→ P = 1.96 kN/m，δ = 1／120
（P＝水平力，δ＝變形量）

壁體倍率 2 → P ＝ 3.92kN/m（400kg/m）
壁體倍率 3 → P ＝ 5.88kN/m（600kg/m）
壁體倍率 4 → P ＝ 7.84kN/m（800kg/m）
壁體倍率 5 → P ＝ 9.80kN/m（1,000kg/m）

在建築基準法中，考慮木造的接合方法，以5做為壁體倍率的上限。

所謂壁體倍率1，是指如上圖所示的，長度一公尺的牆體受到水平力1.96kN的作用時，其層間變位角為1／120的意思。

➤圖2 以壁體倍率為基礎的思考方式

對角斜撐的壁體倍率

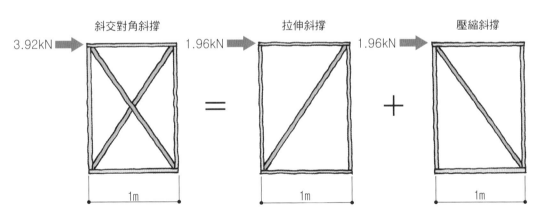

由於角斜撐是以一組的方式發揮作用，對分平均來看的話，單一斜撐的耐力為1.96 kN（200公斤）。

052 壁量計算①
壁量計算的涵意

POINT
▶ 必要壁量＝作用於建築物的水平力（地震力與風壓力）
▶ 存在壁量＝建築物自身的水平抵抗力

為什麼壁量計算是必要的？

在設計階段必須確認建築物的抵抗能力（水平抵抗力）超過外來的水平作用力（圖1）。尤其是在小規模建築物居多的木造住宅中，運用「壁量計算」建造的例子非常普遍。更具體地說，相較於「必要壁量」，採取「存在壁量」的計算方式進行確認的做法又更為普遍。

何謂必要壁量？

所謂的必要壁量指的是與作用在建築物的水平力相當的壁體量。雖然在設計階段主要要考量的水平力是地震力與風壓力，必要壁量則是回應各種不同作用力所決定出的最終數值。

地震力的計算是建築物重量乘以係數後求得，而且，建築物重量大約與樓板面積成正比例關係（參照第122頁）。因此，將地震力轉換為樓板面積後，就可以此來計算對應地震力所需的必要壁量。不過，在軟弱地盤上地震的震動幅度會增加，建築物的搖晃也因此擴大，

因此法規規定在軟弱地盤上的必要壁量須增加1.5倍（建築基準法施行令第46條第4項，圖2）。

另一方面，風壓力是受風面積，亦即外牆面積乘以係數來進行計算的。因此，在計算將風壓力轉換為面積的數值，再以此計算出對應風壓力所需的必要壁量。

何謂存在壁量？

所謂存在壁量是指與建築物整體水平抵抗力相等的壁體量，簡而言之，就是剪力牆水平抵抗力的總和（圖3）。每一道剪力牆的個別水平抵抗力則是以壁體倍率（參照第118頁）乘上牆壁長度（柱心距離）。

此外，要做為剪力牆是有最小高度限制的。在使用斜撐構成時，長度與高度的比值須達到1／3以上。一般來說，樓層高度為2,700公釐時，有效的壁長須在900公釐以上。另一方面，如果是以構造用合板等面材，壁長必須在600公釐以上才可視為剪力牆[※]。

原注：
※出處：「框組壁工法建築物構造計算指南」（日本2×4建築協會）。

➤ 圖1　剪力牆是抵抗水平力（地震、颱風）的要素

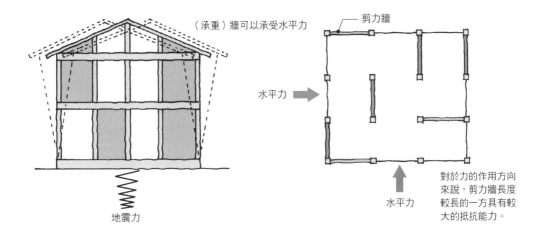

（承重）牆可以承受水平力

剪力牆

水平力

水平力

對於力的作用方向來說，剪力牆長度較長的一方具有較大的抵抗能力。

地震力

力・木材─構架・接合─**剪力牆**─樓板組・屋架組─構架計畫─地盤・基礎

➤ 圖2　在軟弱地盤時需增加壁量

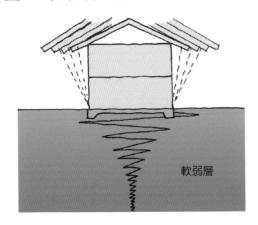

軟弱層

如果軟弱的地層很厚，地震時的搖晃幅度會增加，因而增加危險度。因此，特定行政廳[1]特別針對被指定為地質軟弱的地區制定相關規定，在建造木造建築時，對應地震所需的壁量應提高1.5倍。在這樣的規定之下，可使建築物硬度提高，避免搖晃度的增加。

➤ 圖3　壁量的考量方式

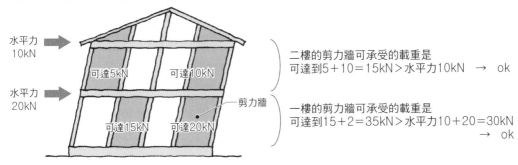

水平力 10kN

水平力 20kN

可達5kN　可達10kN

可達15kN　可達20kN

剪力牆

二樓的剪力牆可承受的載重是
可達到5＋10＝15kN＞水平力10kN　→　ok

一樓的剪力牆可承受的載重是
可達到15＋2＝35kN＞水平力10＋20＝30kN
　　　　　　　　　　　　　　　　→　ok

水平力由剪力牆來抵抗時，必須以壁體的耐力總和＞水平力的方式來確保壁量。

譯注：
1.日本理建設事務的地方政府機關，負責建築的許可、違反事項處理程序。在台灣，中央由內政府營建署為主管機關，各地方政府的建築管理單位則依據組織架構的不同，可能設置在不同局處內，通常以建設處、建設局、都發局為主要設置單位，各地方政府可依法訂定自治法規進行管轄區內的建築管理。

對應地震力所需的必要壁量

建築物重量與剪力牆的配置

地震力與建築物的重量呈正比。建築物重量是指，某樓層的樓層高度上半部以上所包含的總體重量。例如，以兩層樓的建築物來看，二樓的建築物重量為「屋頂＋二樓牆壁的上半部」；一樓則是「屋頂＋二樓牆壁＋二樓樓板＋一樓牆壁的上半部」（圖1）所加總的重量。

設計剪力牆的配置時，以上述方式來思考建築物的重量是非常重要的基礎。因應建築物形狀、求得建築物重量之後，再進一步計算出地震力，接著同時考量這兩個要件來進行剪力牆的配置。

但是在實際的木造建築中，並不會進行如此嚴密的計算，而多以簡易壁量計算來替代。在建築基準法裡，會依照屋頂做法的不同，大致區分成瓦屋頂等較重的建築物、與石板屋頂、以及金屬板屋頂等較輕的建築物兩大類，並針對每一種類型的建築物規定必要壁量（圖2）。順帶一提，關於這兩類的外牆，都是以砂漿塗布的做法為設定前提。

不過，如果建築物設有閣樓儲物空間、或大型懸挑陽台，必須注意，當樓板面積增加時，建築物的重量也會隨之增加，因此必須將樓板面積增加的部分納入壁量的計算才行（圖3）。

此外，討論兩層樓建築的一樓必要壁量時，一般規定是以完整的兩層樓，也就是視二樓的面積與一樓的面積相同為假設條件。如果二樓平面設計成退縮形態時，最終算出的必要壁量數值會比實際地震力所需的必要壁量更高。

樓板面積的比例增加方法

日本國土交通省[2]的告示1351號中，具體針對閣樓儲物空間的面積計算做出指示（圖3①）。計算中將實際樓板面積乘以低減係數，這是考慮到閣樓樓高較低且牆體重量也較輕的緣故。

在進行計算時，最好也要考慮大型懸挑的陽台和雨庇等設計元素，將一半左右的面積加算進來（圖3②③）。

譯注：
2.國土交通省是日本的中央省廳之一，在2001年合併編制成立，其業務範圍包括國土計畫、河川、都市、住宅、道路、港灣、政府廳舍營繕的建設與維持管理等。

▶圖1 各層剪力牆所負擔的載重

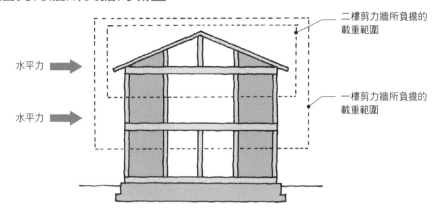

水平力

二樓剪力牆所負擔的
載重範圍

一樓剪力牆所負擔的
載重範圍

▶圖2 對應地震力所需的必要壁量

依據建築基準法施行令第46條第4項訂定的必要壁量

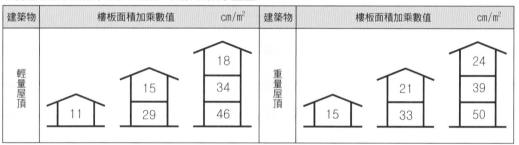

建築物	樓板面積加乘數值	cm/m²	建築物	樓板面積加乘數值	cm/m²
輕量屋頂		11 / 15 / 29 / 18 / 34 / 46	重量屋頂		15 / 21 / 33 / 24 / 39 / 50

備註：經日本特定行政廳指定，若建築物所固著的地盤屬於軟弱區域時，上述的數值需再提高1.5倍。

▶圖3 樓板加算面積

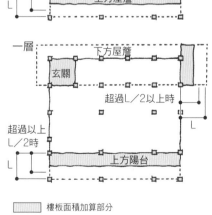

二層
超過以上
L／2時
L

屋頂內儲物間等
上方屋簷
挑空

一層
超過L／2以上時
下方屋簷
玄關
超過以上
L／2時
L
上方陽台

▢ 樓板面積加算部分

P表示模矩，一般來說1P=910公釐
備註：在品確法[3]中，兩層樓建築的一樓必要壁量，是將二樓與一樓的面積一併納入考慮的。

①閣樓的處理

利用閣樓做成的儲物空間等（告示第1351號）
$a = A \times h / 2.1$
　a：樓層地板面積所增加的部分（m²）
　A：該儲物空間的水平投影面積（m²）
　h：該儲物空間的內部高度平均值（平均天花板高度）（m）

A的數值如果是所處樓層
的樓板面積的1／8以下
時，可以a＝0來計算。

②懸挑的思考方式

懸挑長度超過1P
（＝910公釐）時，
將L／2以上計入面積

在一、二樓的樓板面
積之外另外加算。

③接近板條式地板的陽台處理

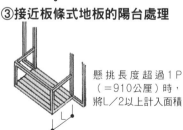

懸挑長度超過1P
（＝910公釐）時，
將L／2以上計入面積

如果以砂漿進行塗布
而使重量提高時，不
管懸挑長度多少皆全
部計入計算。

右側縱排：力 · 木材 — 構架 · 接合 — **剪力牆** — 樓板組 · 屋架組 — 構架計畫 — 地盤 · 基礎

譯註：
3. 是日本「住宅品質確認促進法」的簡稱。此法針對住宅性能的相關基準與評估制度進行規範，同時也對住宅紛爭的處理、新建住宅的合約協議與買
　賣契約的瑕疵擔保責任訂定相關規定。

對應風壓力所需的必要壁量

POINT
➤ 風壓力與受風面積呈正比
➤ X 方向的風以 X 方向的壁體來抵抗，Y 方向的風以 Y 方向的壁體來抵抗。

計入面積與剪力牆的配置

就風壓力而言，建築物受風吹襲的面積（受風面積）與計入面積成正比。

在必要壁量的計算中，風壓力是不可忽略的因素。以計入面積換算風壓力的數值，就是對應風壓力所需的必要壁量（圖1）。

對應風壓力的計入面積，其數值與對應地震力時有所不同，基本上是不管哪一個樓層壁量數值都相等（假設每層樓的樓層高度都相等）。在計算對應地震力的必要壁量時，因為計入面積是以「該樓層樓高上半部以上的面積」來計算（圖1），所以愈下方的樓層計入面積的總和數值也會愈大。計入面積之所以多從樓板線（FL）以上1.35公尺做為階段區分（施行令第46條第4項），是因為一般規模住宅的樓高大多以2.7公尺來設計的緣故。

然而，對應風壓力所需的必要壁量是以罕見的暴風發生時，建築物不會產生損害為前提。所謂罕見暴風是指一九五九年的伊勢灣颱風發生時，名古屋氣象台所記錄下來的暴風大小，相當於風速每秒37公尺。

順帶一提，水平力（包含地震力與風壓力）的作用方向會以最不利於結構的條件來考量，如此才能確保結構能在嚴苛條件下依然保有足夠的支撐能力。一般來說，水平作用力會分別以X軸與Y軸兩個方向來進行檢討。由於地震力與建築物的整體重量有關，並無方向上的差異，因此在X、Y軸兩方向上的數值相等。但因風壓力與計入面積成正比，而X軸與Y軸的面積可能不同，因此X軸與Y軸方向上所需的必要壁量也可能不會有差異。

舉例來說，吹向Y軸方向的風對縱向面產生作用，因此Y軸方向的風壓力與縱向面的計入面積形成正比關係。另一方面，吹向X軸方向的風直接影響山牆面，因此風壓力與山牆面的計入面積形成正比關係。

以圖2為例，對應Y軸方向上的風壓力時，是以在Y軸方向上具有長度的牆壁來抵抗，因此在Y軸方向上必須配置的壁量要比X軸方向大。換句話說，當建築物平面呈細長形時，就要在短向上配置大量的剪力牆。

➤圖1 對應風壓力所需的必要壁量

依據日本建築基準法施行令第46條第4項訂定的必要壁量

區域		計入面積加乘數值　cm／m²
(1)	一般地區	50
(2)	日本特定行政廳指定地區	日本特定行政廳訂定的數值（大於50、75以下）

計入面積的計算方法

```
         S3              三層設計用
                          ◢ S3
3FL  1.35m   S2          二層設計用
                          ◢ S3＋S2
2FL  1.35m      S1       一層設計用
1FL  1.35m                ◢ S3＋S2＋S1
```

從各FL（樓層線）1.35公尺以上開始做為階段切分，各自計算計入面積。
如第117頁圖1所示，各樓層剪力牆所負擔的水平力是從該樓層中間以上開始，因此
　二樓是　S3＋S2
　一樓是　S3＋S2＋S1 的方式來計算。

➤圖2 風壓力的方向與用以抵抗的剪力牆之間的關係

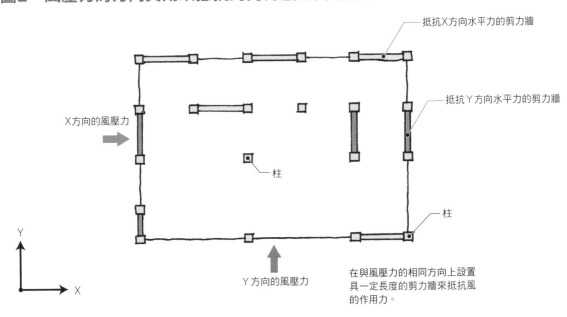

抵抗X方向水平力的剪力牆
抵抗Y方向水平力的剪力牆
X方向的風壓力
柱
Y
X
柱
Y方向的風壓力
在與風壓力的相同方向上設置具一定長度的剪力牆來抵抗風的作用力。

力・木材│構架・接合│**剪力牆**│樓板組・屋架組│構架計畫│地盤・基礎

用四分割法的檢視來防止扭轉

POINT
> 四分割法是檢視剪力牆配置的簡便方法
> 針對樓板面柔軟的木構造採取的防止扭轉對策

剪力牆的配置與建築物的扭轉

如果剪力牆的配置出現偏移，即使滿足了建築物整體所需要的壁量，力量在無法均衡傳遞之下，建築物仍可能因此產生扭轉而破壞倒塌。舉例來說，僅有某一面朝向道路的狹窄住宅、或是在角地（轉角處有兩面臨路的基地）上建造的住宅，在面臨道路的那一面因為有出入口而無法配置牆體，因此很容易導致建築物受力產生扭轉而破壞（圖1）。在阪神・淡路大地震時，這種建造方式的建築物受災情形非常明顯，因此二〇〇〇年進行的建築基準法改正，除了常規的壁量計算之外，還增訂剪力牆須均衡配置的規定（平12建告第1352號）。這個規定是將建築物劃分成四等分，以此來確認設置在側面端部的剪力牆百分比、以及平衡度（圖2）。雖然一般建築物扭轉的難易度是藉由偏心率的計算來檢視，不過因為這種計算方式很困難，因此才針對木造住宅提出這個簡便的方法，讓即使不是構造設計專業者也能容易進行檢視。只要滿足這個規定，基本上也就滿足了偏心率的要求。

四分割法的程序

規定剪力牆須均衡配置的檢討方法中，因將建築物劃分為四等分的緣故，所以稱為四分割法。

四分割法是將建築物的平面依據各層在X方向（上側與下側）與Y方向（左側與右側）分別分割的方法。例如，在X方向上，分別針對上側與下側的面積依照地震力算出必要壁量，藉此確認面積內所包含的壁量。

在此必須加以注意的是，進行X方向上的分割，是為了要檢討X方向上出現水平力作用時的情形，因此在X方向上具有長度的剪力牆才會納入壁體計算中。

當上下兩側都同時滿足必要壁量時，就不會有建築物扭轉的疑慮，計算工作也就完成。但有時仍會出現無法滿足必要壁量的情形，此時必須再進一步針對壁量充足率的比率進行檢討，確保這個值在0.5以上。

➤圖1 剪力牆的配置與建築物的扭轉

①壁體配置產生偏差的正立面

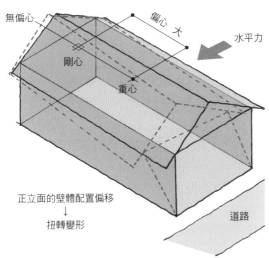

正立面的壁體配置偏移
↓
扭轉變形

面對道路的正立面因需設置出入口而無法設置牆體，只在面對鄰地的其他三面設有牆體。在這種ㄇ字形的配置中，出入口就容易出現大幅度的傾倒。

②壁體呈 L 形的配置

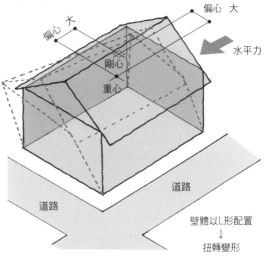

壁體以L形配置
↓
扭轉變形

位在角地的建築物，面臨道路的兩面開放，所以只有對側兩面以L形配置牆體。這種配置因為扭轉而導致傾倒破壞。

➤圖2 檢視扭轉的方法

壁體均衡配置的規定（告示第1352號）

就各層各方向分別進行檢討，針對將建築物長度分割成1／4的端部，進行壁量充足率、及壁率比的檢討。

①存在壁量與必要壁量的計算

存在壁量：在側端（上色部分）部分存在的
剪力牆長度×壁體倍率
必要壁量：在側端（上色部分）部分的
樓板面積×（對應地震力）必要壁量

②壁量充足率的計算

$$壁量充足率 = \frac{存在壁量}{必要壁量}$$

壁量充足率在兩端同時超過1的時候，可以不需進行壁率比的檢驗。

③壁率比的檢驗

$$壁率比 = \frac{壁量充足率（數值小的一方）}{壁量充足率（數值大的一方）} \geq 0.5$$

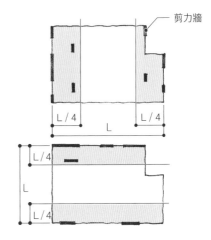

剪力牆

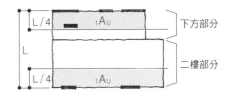

下方部分

二樓部分

備註：建築物進行退縮時
$_1A_U$：以平房來計算充足率
$_1A_D$：以兩層樓建築的一樓來計算充足率
＊分割後的範圍若都屬於平房時，可以將必要壁量視為平房狀態。

力 · 木材 · 構架 · 接合

剪力牆

樓板組 · 屋架組

構架計畫

地盤 · 基礎

防止柱拔出的接合方法

> **POINT**
> ➤ 接合方式大致可區分為三種形式。設置接合部的位置愈接近柱心，抵抗拔出破壞的效率愈佳。

木構造需注意拔出破壞

剪力牆上一旦有水平作用力時，在端部的柱子上會從橫向材中拔出的作用力（拉拔力）。因此在木造的設計中，針對這種拉拔力採用使柱子不會拔出脫離的接合方法是相當重要的。

①使用接合五金

是在柱與橫向材兩者的側面上，以補強五金、或VP五金（一種可變螺距的五金）等加以固定的方法（圖①）。這樣的接合主要是利用鉚釘、或螺釘的剪斷力與拉拔耐力來抵抗。

②使用螺拴

是使用貫通螺拴、軸向螺拴、榫管、D型螺栓等來固定的方法（圖②）。

貫通螺拴的做法是，在靠近柱的位置，將螺拴從基礎貫穿至樓板樑、或屋架樑，藉由將樑壓緊來抑止樑受力之後往上抬升。

軸向螺拴、榫管、D型螺栓等，則是在柱子的軸心上，也就是在應力的中心位置將柱拉緊，就構造上而言，這種做法可說是最合理的一種接合方法。不過採取這類的接合方式時，確保設置部位

與端部距離是非常重要的關鍵。

③使用木料

是指在長榫中敲入插榫、嵌木中敲入插榫、豎向角材、楔榫等的施做方法（圖③）。

在長榫中敲入插榫的做法需要注意柱的樹種與榫頭的厚度、剩餘長度，還有插榫的樹種與幹徑、插榫的位置（參照第94頁）。雖然在嵌木中敲入插榫與在長榫中敲入插榫的抵抗形式相似，不過當剪力牆出現菱形變形時，隨著在接合部產生的水平力，插榫對柱子與榫頭造成程度不一的割裂破壞，這點必須特別加以注意。

豎向角材是使用在角柱等難以被插榫打入的地方所採取的做法。在靠近柱的側邊設置垂直向的角材之後，再打入插榫來固定。

楔榫是將榫做成楔形，以扇形的方式利用摩擦力與壓陷力來抵抗拉拔力的形式。不過，由於木材的乾燥收縮與施工誤差，楔榫的變異性會增加而使整體結構耐力定性變得難以預料。

⟩圖　對應拔出的接合方法

①接合五金

以螺釘固定的柱子被拔出時，木材會呈現被拔起後的破壞性狀。

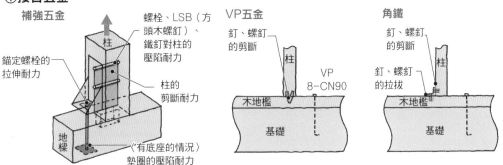

補強五金

- 錨定螺栓的拉伸耐力
- 柱
- 螺栓、LSB（方頭木螺釘）、鐵釘對柱的壓陷耐力
- 柱的剪斷耐力
- 地梁
- 〈有底座的情況〉墊圈的壓陷耐力

VP五金

- 釘、螺釘的剪斷
- 柱
- VP 8-CN90
- 木地檻
- 基礎

角鐵

- 釘、螺釘的剪斷
- 柱
- 釘、螺釘的拉拔
- 木地檻
- 基礎

②螺栓

軸向螺栓的做法是在柱上開鑿槽穴、或螺栓孔穴，因為孔穴比螺栓幹徑稍大，初期容易出現縫隙。榫管與D型螺栓因為鋼棒與柱之間沒有縫隙，因此固定效果較好。

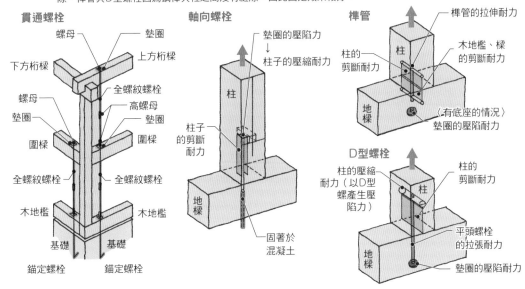

貫通螺栓

- 螺母
- 墊圈
- 上方桁樑
- 下方桁樑
- 全螺紋螺栓
- 螺母
- 高螺母
- 墊圈
- 墊圈
- 圍樑
- 圍樑
- 全螺紋螺栓
- 全螺紋螺栓
- 木地檻
- 木地檻
- 基礎
- 基礎
- 錨定螺栓
- 錨定螺栓

軸向螺栓

- 墊圈的壓陷力↓柱子的壓縮耐力
- 柱
- 柱子的剪斷耐力
- 地梁
- 固著於混凝土

榫管

- 榫管的拉伸耐力
- 柱
- 木地檻、樑的剪斷耐力
- 柱的剪斷耐力
- 地梁
- 〈有底座的情況〉墊圈的壓陷耐力

D型螺栓

- 柱的壓縮耐力（以D型螺產生壓陷力）
- 柱
- 柱的剪斷耐力
- 平頭螺栓的拉張耐力
- 地梁
- 墊圈的壓陷耐力

③木材

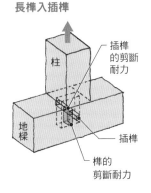

長榫入插榫

- 插榫的剪斷耐力
- 柱
- 地梁
- 插榫
- 榫的剪斷耐力

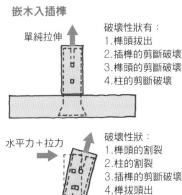

嵌木入插榫

- 單純拉伸
- 破壞性狀有：
  1. 榫頭拔出
  2. 插榫的剪斷破壞
  3. 榫頭的剪斷破壞
  4. 柱的剪斷破壞
- 水平力＋拉力
- 破壞性狀：
  1. 榫頭的割裂
  2. 柱的割裂
  3. 插榫的剪斷破壞
  4. 榫拔頭出

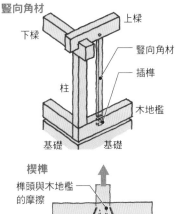

豎向角材

- 上樑
- 下樑
- 豎向角材
- 插榫
- 柱
- 木地檻
- 基礎
- 基礎

楔榫

- 榫頭與木地檻的摩擦

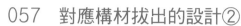

柱頭與柱腳的搭接接頭

> **POINT**
> ➤ 接合方式依據公告表、或公式計算來決定。同一根柱
> 子的柱頭與柱腳需採用相同的接合形式

決定接合方式的方法

為了使剪力牆發揮正確的性能,接合部的施做方法是相當重要的。總歸來說,為了抵抗在剪力牆端部柱子上所產生的拉拔力,使柱的上端部(柱頭)、下端部(柱腳)緊實接合,可以用三種依據來判斷該採取何種做法[4]。

①依據告示1460號頒布的表
②依據告示1460號的內容所指示的概算式
③依據容許應力度計算的方式

其中②也稱為N值計算法,是基於計算容許應力度的思考方式,也是從壁體倍率概略計算出拉拔力的方法。右頁的「N值」表列出了各種接合方式的容許值。若使用表中沒有列出的五金時,務必確認其拉伸耐力要在表中的「必要耐力」值以上才行。

此外,為了使拉拔力在柱頭與柱腳都具有相同的數值,同一根柱的柱頭與柱腳的接合方法必須採用同樣的做法。

公告的接合方式

公告的接合方式依據接合耐力從（a）到（j）劃分為十個階段,在此簡單進行說明。

（a）是短榫、或鉗入等,幾乎沒有拉拔抵抗力的接合方式。這種接合只能使用在構造上不甚重要的部位。

（b）是在長榫頭入插榫、或使用CP－L五金的接合方式,具有3.4kN的抵抗能力。考慮到剪力牆所扮演的角色,即使經過計算後並無拉拔力的作用,也必須保持接合部位至少有（b）以上的接合能力,這是最低限度的要求。

（c）是使用CP－T五金、或是VP五金的情形,與這類同等的五金種類相當多。

（d）與（e）是指鍵形螺栓,只是（e）還併用了螺絲釘來固定,耐力因而稍微提高。

（f）以後是補強五金,以5kN為單位增至30kN。但是,由於附有底座型的五金受到樓板樑耐力的影響,因此僅能到達（f）的程度。

譯注:
4.台灣在規範方面並無針對接合方式做出相關規定。不過,針對木造可以採取的各種接合方法,在「木構造建築物設計及施工技術規範」的第六章「構材接合部設計」中,詳細說明各接合方式的品質要求、容許拉力、容許剪力與注意事項等。

➤ 圖表　剪力牆端部的柱與主要橫向材之間的接頭（告示160號表3）

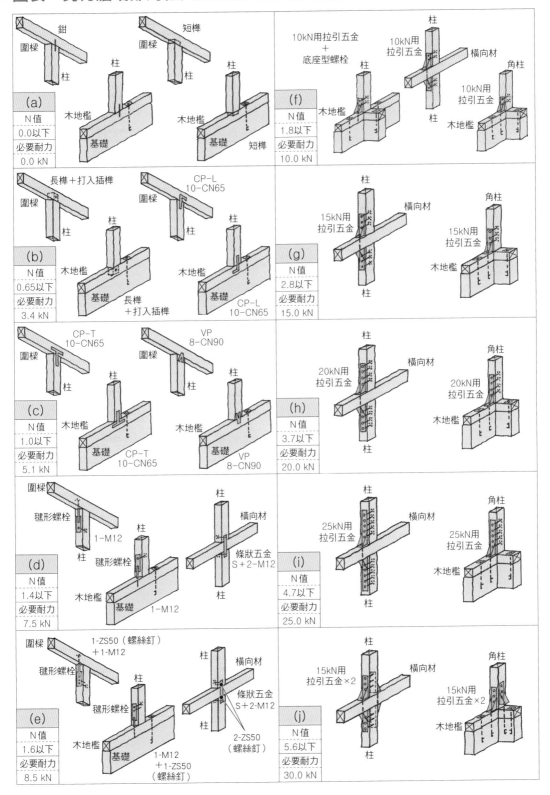

058　對應構材拔出的設計③
錨定螺栓的角色

POINT
➤ 錨定螺栓可以防止木地檻的移位，也可以抵抗拉拔力
➤ 嚴格禁止在澆置基礎混泥土的過程進行「螺栓插植」[5]

防止移位與拔出

　　剪力牆受到水平力的作用時，會在端部的柱子產生拉拔力，但因柱與木地檻緊密地結合，因此有木地檻與柱一起被抬升的疑慮。為了防止木地檻上抬與移位所使用的工具就是錨定螺栓。拉拔力作用在錨定螺栓的同時，木地檻與基礎之間也會出現水平力的作用（圖1）。

　　向錨定螺栓傳遞的力（拉拔力），必須要能順暢地從基礎→地盤傳遞，因此考慮到拉拔力的作用，以下兩個數值一定要採取數值大的方式來進行。

①對錨定螺栓自身拉力的抵抗力（拉伸耐力）

②與錨定螺栓基礎的固定度（與混凝土之間的附著耐力）

　　其中，附著耐力受到埋入混凝土裡的錨定螺栓表面積影響，埋入的長度愈長其耐力愈高。一般來說，將幹徑12公釐的錨定螺栓埋入混泥土250公釐深的時後，附著耐力是17·5kN（混凝土強度

Fc為21時），此時柱腳的接合方式可以對應到（g）的做法（參照第130頁）。如果有超過這個大小的拉拔力出現時，可以加深埋入長度、或加粗螺栓幹徑的方式來因應。

貫通式木地檻與柱間地樑

　　木地檻與柱的結合方式，包含將柱置放在木地檻上的貫通式木地檻、以及將柱直接置放於基礎上的柱間地樑形式（圖3）。

　　在基礎上直接放置構材的柱間地樑做法，可以承受很大的常時存在的垂直載重。不過面對水平載重時，就必須特別注意剪力牆的固定。在抑制柱的拉拔破壞方面，雖然採取將柱與基礎直接繫結的柱間地樑形式比較有利，但是若在反覆承受載重的情況之下，柱與木地檻的接合處容易產生間隙，會出現喀啦喀啦的響聲，因此貫通式木地檻的做法對剪力牆的安定性有比較好的性能。

譯注：
5.螺栓以預埋的方式進行施做時，應在澆置混凝土之前就加以確實固定，並完成施做位置的確認，禁止在澆置混凝土的過程中才進行螺栓的設置。

➤圖1　錨定螺栓的角色

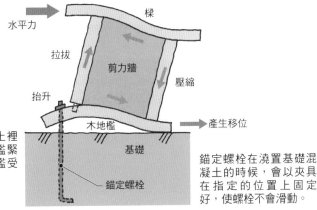

水平力加諸於剪力牆時的變形情況

水平力

樑

拉拔

剪力牆

壓縮

抬升

產生移位

木地檻

基礎

錨定螺栓

將事先預埋在混凝土裡的錨定螺栓與木地檻緊密結合，防止木地檻受力向上抬升。

錨定螺栓在澆置基礎混凝土的時候，會以夾具在指定的位置上固定好，使螺栓不會滑動。

力 · 木材 — 構架 · 接合 — **剪力牆** — 樓板組 · 屋架組 — 構架計畫 — 地盤 · 基礎

➤圖2　錨定螺栓設置在承重牆周圍以外的位置

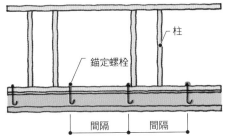

柱

錨定螺栓

間隔　　間隔

建築物為兩層樓以下時，錨定螺栓的間隔在3公尺以內，三層樓以上時則以2公尺以內為設計目標。

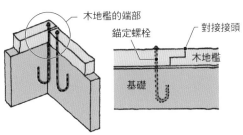

木地檻的端部

錨定螺栓

對接接頭

木地檻

基礎

錨定螺栓也會設置在木地檻的端部、設有接頭的位置上。

➤圖3　木地檻與柱的接合與抵抗機制

①貫通式木地檻的抵抗機制

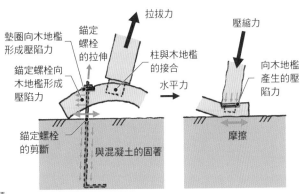

拉拔力

壓縮力

墊圈向木地檻形成壓陷力

錨定螺栓的拉伸

柱與木地檻的接合

錨定螺栓向木地檻形成壓陷力

水平力

向木地檻產生的壓陷力

錨定螺栓的剪斷

與混凝土的固著

摩擦

②柱間地樑的抵抗機制

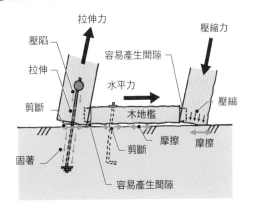

拉伸力

壓縮力

壓陷

拉伸

容易產生間隙

剪斷

水平力

壓縮

木地檻

摩擦　摩擦

固著

剪斷

容易產生間隙

在鋼筋混凝土造的基礎上固定木地檻的情形。

作用力在隱柱壁與露柱壁的傳遞方式

隱柱壁的力傳遞

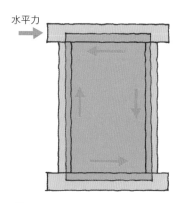

水平力

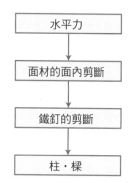

柱

鐵釘　　夾板

隱柱壁是利用鐵釘做為介質將作用力傳遞至柱與樑

水平力

↓

面材的面內剪斷

↓

鐵釘的剪斷

↓

柱・樑

露柱壁的力傳遞

水平力

柱

在角落處用來固定承接材的鐵釘上也會出現拉拔力

承接材　　夾板

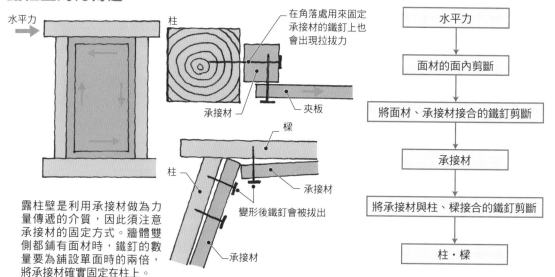

樑

柱

變形後鐵釘會被拔出

承接材

承接材

露柱壁是利用承接材做為力量傳遞的介質，因此須注意承接材的固定方式。牆體雙側都鋪有面材時，鐵釘的數量要為鋪設單面時的兩倍，將承接材確實固定在柱上。

水平力

↓

面材的面內剪斷

↓

將面材、承接材接合的鐵釘剪斷

↓

承接材

↓

將承接材與柱、樑接合的鐵釘剪斷

↓

柱・樑

露柱壁有耐力降低的傾向

　　以壁材覆蓋柱與橫向材的「隱柱壁」，以及柱和橫向材皆露出、並在框架內做出牆體的「露柱壁」，把這兩種牆體視為剪力牆時，其所需的耐力有所不同。

　　因為隱柱壁是直接將壁材固定在柱與橫向材的側邊，水平力會以壁材→鐵釘→柱與橫向材的次序來傳遞。因此，壁體的耐力主要受到固定壁材的鐵釘耐力所影響。

　　另一方面，露柱壁是在柱與橫向材上固定承接材，再以承接材來固定壁材，力量是以壁材→鐵釘→承接材→鐵釘→柱與橫向材的順序來傳遞。因此，承接材的固定深度、固定用的鐵釘都會對壁體強度產生影響。此外，在牆體的角落部分，因為與承接材之間很容易產生間隙，因此這個部分的固定工作格外重要。

　　從上述的說明可以看出，露柱壁的剛度有比隱柱壁的剛度低的傾向。

04

Chapter

樓板組 • 屋架組扮演的角色

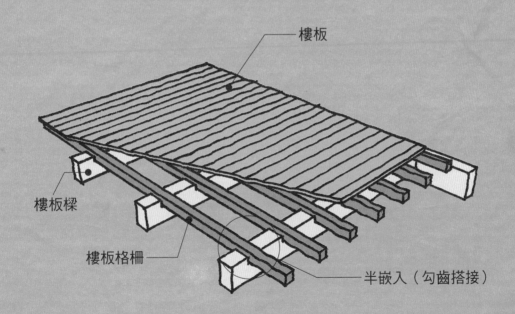

樓板

樓板樑

樓板格柵

半嵌入（勾齒搭接）

水平構面的角色

POINT
▶ 水平構面的角色＝支撐垂直載重
　　　　　　　＝將水平力傳遞至剪力牆

水平構面的角色

樓板與屋架這類做成水平配置的構造元素，稱為「水平構面」。

水平構面扮演著兩種構造上的角色。一是支撐在垂直方向上常時作用的構件重量，例如樑與樓板等建築物本身的重量、以及人與家具等的活載重（圖①）。另一個角色是當出現地震力與風壓力的水平力作用時，可以將力量向剪力牆傳遞（圖②）。

當水平力作用在建築物時，樓板會在水平方向上產生弓字形變形（圖②）。此時如果變形量過大，會使接合部位產生位移而無法順利將水平力傳遞至剪力牆。計算壁量（參照第120頁）必須是使水平力能在各剪力牆上均等分配為前提，如果不能滿足均等分配的條件，即使壁量足夠，建築物仍可能在部分位置產生損傷。

為了防止這種情況出現，必須掌握樓板與屋架的水平剛性、以及剪力牆的剛性與配置兩者之間的關係，同時納入設計考量（參照第146頁）。

此外，建築物的水平方向之硬度與強度稱為「水平剛性」。在品確法中，也有與設置剪力牆的壁倍率規定相似的「樓板倍率」概念、及相關規定（參照第144頁）。

僅出現在屋架的特徵

雖然屋架扮演的角色與樓板差不多，不過在①屋架具有斜度、②屋簷邊緣受到風吹時會出現上掀力（參照第162頁）的這兩點上，又與樓板有所不同。

關於地震力、風壓力等水平作用力的對策方面，以包含了屋架樑與桁樑在內的「屋架全體」思考水平剛性是重要的。如同在剪力牆的章節裡也說明過，二樓剪力牆是用來抵抗作用在二樓以上的水平力。為了讓水平力可以順暢地傳遞至屋頂面，二樓的剪力牆就必須與屋頂面確實繫接好。因此，從構造上來看，屋架並非獨立存在，而是屬於二樓的一部分。

▶圖　水平構面（樓板）的角色

①支撐垂直載重

向樑傳遞　　　向樑傳遞

支撐人與家具等

樑

柱　　　　　　　　　　柱

②將水平力傳遞至剪力牆

水平力

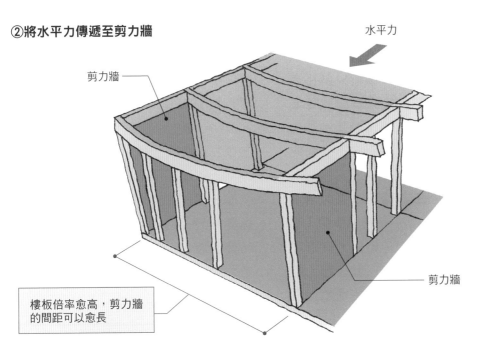

剪力牆

剪力牆

樓板倍率愈高，剪力牆
的間距可以愈長

格柵型樓板與無格柵樓板

POINT
> 格柵托樑的固著方法與樓板的舖設方式會影響垂直載重的支撐能力、以及水平剛性

格柵型樓板

樓板主要是由樓板樑＋格柵＋樓板面構成，稱為格柵型樓板（格柵組合樓板）。格柵的固定方式可分為①完全嵌入、②半嵌入（勾齒搭接）、③空鋪等三種（圖1）。

若只考慮垂直載重的傳遞，疊放在樑上的格柵斷面尺寸大、而且可以減少樑的斷面缺損的半嵌入法、或空鋪法，這兩種做法所產生的構材撓度小而且施工性較佳。但是，如果僅就水平剛性來思考的話，採取完全嵌入法可以讓格柵構件不會翻落、樓板也能直接設置並嵌入樓板樑上，整體樓板剛性較高。由此可見，格柵的固著方式對於水平構面的剛性有著相當程度的影響。

採取了半嵌入法或空鋪法、並且水平剛性也能提高的做法是，在樓板與樑（或是屋架中的屋面板與桁、桁條、脊桁之間）的間隙中塞入木片、或墊板等，藉此防止格柵（椽）的翻落。特別是，當剪力牆所在的構面可能受到很大的軸力作用時，採取這樣的做法是必要的措施。

無格柵樓板

另一方面，因為近年來講求施工的合理化[1]，捨棄格柵不用，而以厚板、或構造用合板用釘子直接固定在樓板樑上的樓板舖設法漸漸增多了，稱為無格柵樓板（圖2）。無格柵樓板雖然以施工合理化為最大目的，但實際上也有構造上的優點。因為省略格柵的緣故，因此不會有格柵翻落的情形，對於提高樓板整體水平剛性有顯著的效果。

樓板舖設方式通常是在樑間隔的較窄方向（一般約900公釐間隔）上，順著樓板材的纖維走向橫跨舖設在樑上（圖2①）。構造用合板也同樣以表面纖維走向做為短邊來舖設。

為使水平剛性提升，也有將樓板完全嵌入樑材的舖設方式（圖2②），不過這種舖設方法要求樓板材料厚度必須在40公釐左右，並且需要有非常高的施工精準度，包括必要的木材乾燥度、及尺寸的精確度才可行。

譯注：
1.木造的施工要維持一定的合理性時，首要條件是盡量減少接頭的數量，一方面維持構材的有效斷面積，一方面也能使力量的傳遞更順暢。

➤圖1　格柵樓板的變化

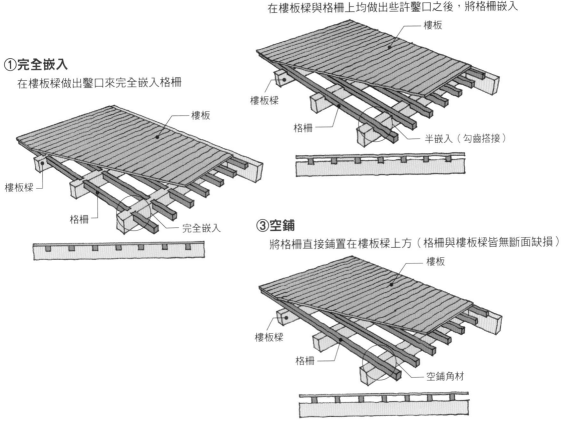

②半嵌入（勾齒搭接）
在樓板樑與格柵上均做出些許鑿口之後，將格柵嵌入

樓板

樓板樑

格柵

半嵌入（勾齒搭接）

①完全嵌入
在樓板樑做出鑿口來完全嵌入格柵

樓板

樓板樑

格柵

完全嵌入

③空鋪
將格柵直接鋪置在樓板樑上方（格柵與樓板樑皆無斷面缺損）

樓板

樓板樑

格柵

空鋪角材

➤圖2　無格柵樓板的變化

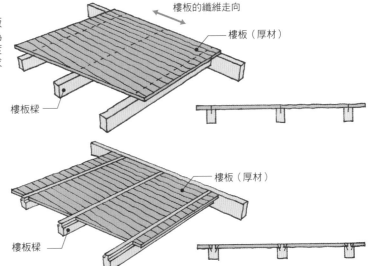

①無格柵直鋪
將厚度30公釐以上的樓板直接固定在樓板樑上。因為無法像格柵那樣進行平整度的調整，因此必須嚴格要求樓板樑的尺寸精準度。

樓板的纖維走向

樓板（厚材）

樓板樑

②無格柵嵌入
在樓板樑上端施做鑿口，使樓板完全嵌入並加以固定，這做法必須有高度的施工精準度。

樓板（厚材）

樓板樑

關於各種做法的水平剛性，參照第149頁的樓板倍率一覽表。

設置水平角撐的樓板

> **POINT**
> ➤ 水平角撐是防止水平構面產生歪斜的構件，其樓板倍率低，以 4 公尺的間隔進行配置為原則

水平角撐的強度與種類

水平角撐是在樓板面、或屋架面的邊角處，以45度角架設的橫樑（圖1①）。

設置水平角撐的主要目的在於防止水平構面的歪斜。有關設有水平角撐的樓板構架強度，請參考第149頁的「樓板倍率一覽表」[2]。

水平角撐的樓板倍率不到1.0，絕非剛性很高的構件。因此，配置基準一般以4公尺左右的間隔較為妥當。不過，在配置剪力牆時，僅以水平角撐來因應有時候是不夠的。

一般來說，水平角撐是將厚度90公釐的角材以螺栓固定在樓板樑上（圖1②）。不過兩道直交的樑如果有高低差的話，則會將其中一道樑以「勾齒搭接」的方式處理，再利用暗榫、或螺栓加以固定。另一道樑則以榫頭插銷來固定（圖1③）。

這種水平角撐的做法因為構材兩端會凸出樑外，因此無法相鄰設置，建造時的施工細節都是必須注意的事項。

此外，近來市面上也開始出現無需利用螺栓頭、或樑鑿口就可以固定的拉力螺栓五金（圖1④）。因為施工方便，運用在耐震補強的例子也很多。

需要設置水平角撐樓板樑嗎？

在一樓樓板設置的水平角撐稱為水平角撐樓板樑（圖2①）。

雖然在木地檻設置水平角撐的案例很多，不過若是採用板式基礎，通常因為鋼筋混凝土板的水平剛性很高，只要有確實以錨定螺栓將木地檻與基礎緊密結合，一樓樓板面就不會產生歪斜。因此無需在木地檻設置水平角撐樓板樑（圖2②）。採取連續基礎時也是同樣的道理，基礎圍塑的面積如果在20平方公尺以內，也無需設計水平角撐樓板樑（請參照第230頁）。

不過，如果基礎的支撐僅配置在外周部位，或是採用傳統構法中的石墩基礎，就必須設置水平角撐樓板樑。

譯注：
2.台灣對於水平構面沒有法規規範，但在「木構造建築物設計及施工技術規範」第二章「結構計畫及各部分構造」有原則性的設計說明。

➤ 圖1　水平角撐的設置方式

①設有水平角撐的樓板

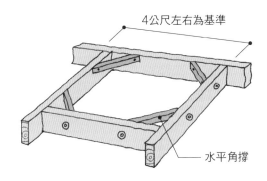

4公尺左右為基準

水平角撐

②水平角撐

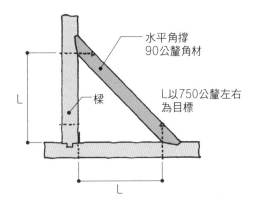

水平角撐
90公釐角材

梁

L以750公釐左右
為目標

L

L

③使用勾齒搭接的水平角撐

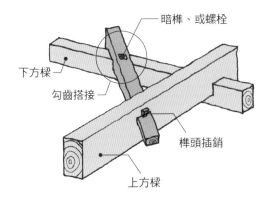

暗榫、或螺栓

下方梁

勾齒搭接

榫頭插銷

上方梁

④鋼製水平角撐的例子

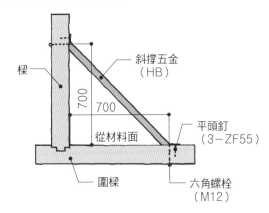

梁

斜撐五金
（HB）

700

700

從材料面

平頭釘
（3-ZF55）

圍梁

六角螺栓
（M12）

➤ 圖2　水平角撐樓板梁的設置方式

①一般的水平角撐地梁

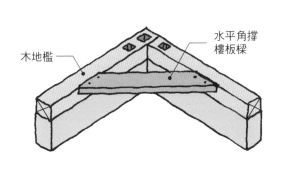

木地檻

水平角撐
樓板梁

②木地檻下方為混凝土時無需設置

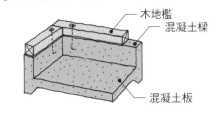

木地檻

混凝土梁

混凝土板

③採用礎石式基礎時必須在木地檻設置水平角撐

礎石

地板的變形與樓板・格柵・樓板樑

POINT
➤ 地板的變形會對居住性能產生影響。樓板、格柵、與樓板樑的跨距、間隔、斷面、以及接合方式相當重要

樓板的變形是各個構材變形量的總和

在常時載重的作用之下，構成樓板的各個構材一旦發生變形就會對居住性能產生影響。由於地板中央部位的變形是樓板、格柵、小樑、以及大樑等各個變形量相加的總和，即使各構材的變形量都控制在建築基準法所要求的數值之內，以樓板整體來看，加總起來的數值還是會非常大。因此，對於重要的構材，愈要依照預期的安全率來設計（參照第22頁）。

抑制變形的方法

在決定各個構材的斷面時，主要的影響因素是跨距、以及承受的載重（參照第74頁）。如果降低跨距和載重的數值，就可以抑制變形，因此必須事先掌握好各構件的跨距與載重的負擔範圍。

首先要了解的是，雖然直接承受人與家具載重的構造元素是樓板，但因為樓板是由格柵來支撐的，因此樓板的跨距就是格柵的間隔（圖1）。

其次，接受從樓板傳遞載重的格柵是由樓板樑支撐的，因此格柵的跨距就是樑的間隔（圖2）。除此之外，即使是同樣的跨距，如果是將格柵完全嵌入樑內，這樣的形式屬於「簡支樑」；如果格柵橫跨了數道樑，就形成所謂的「連續樑」（參照第30頁）。連續樑的優點在於變形量是簡支樑變形量的一半以下。再者，由於格柵所負擔的載重範圍，會與相鄰格柵各自分攤一半，因此如果將格柵間隔縮小，那麼每一根格柵所負擔的載重量也會變小。

最後，接受從格柵傳遞載重的樓板樑是由柱、或大樑來支撐，因此樓板樑的跨距就是柱、或大樑的間隔（圖3）。跨距愈大，不僅變形量增加，施加於支撐點的載重也會增大，因此必須加強接合的方法。此外，如果能夠縮短相鄰的樑的間隔，每一道樑所負擔的載重也會因此減輕，所以縮短樑的間隔也能有效地減少變形量。

> ■圖1　樓板的跨距與載重的負擔寬度

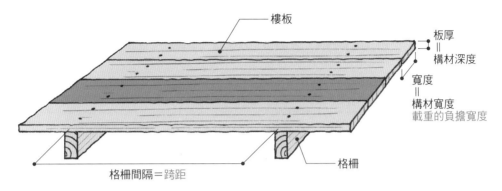

樓板

板厚
＝
構材深度

寬度
＝
構材寬度
載重的負擔寬度

格柵

格柵間隔＝跨距

> ■圖2　格柵的跨距與載重的負擔寬度

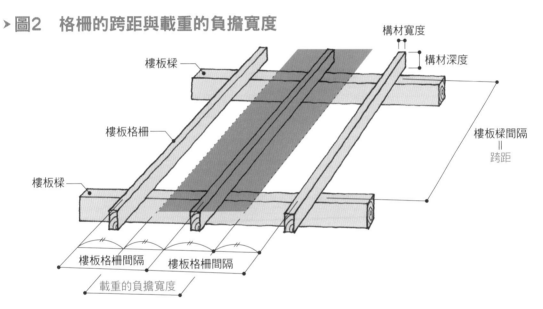

構材寬度

構材深度

樓板樑

樓板格柵

樓板樑間隔
＝
跨距

樓板樑

樓板格柵間隔　樓板格柵間隔

載重的負擔寬度

> ■圖3　樓板樑的跨距與載重的負擔寬度

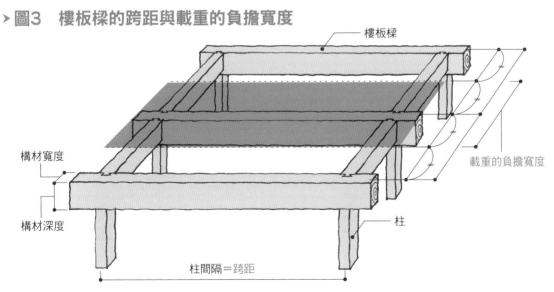

樓板樑

構材寬度

載重的負擔寬度

構材深度

柱

柱間隔＝跨距

063　對應水平載重的設計①
何謂樓板倍率 1？

> **POINT**
> ▶ 樓板倍率＝ 1.96kN/m（變形角 1 ／ 150）
> ▶ 需將屋架組的斜面屋頂轉換成水平面來計算

樓板倍率1的定義

所謂樓板倍率是表示水平構面（樓板、屋架組）硬度的指標，而樓板倍率1是指長度一公尺的樓板可承受1.96kN耐力的意思。思考方式與壁體倍率相同，不過其變形角是1／150弧度（變形角的差異是依據試驗方法測試出的結果）。

樓板倍率高的水平構面不易在水平方向上產生變形。所謂水平方向上不易產生變形是指能夠傳遞很大的水平力的意思，因而可能可以放寬設置在樓板下方的剪力牆面之間的距離（參照第146頁）。

屋架組的樓板倍率

樓板倍率也適用於屋架組。

計算屋架組的樓板倍率時，會將斜面屋頂的剛性轉換成水平面來思考。因此，如果在屋架樑的水平面上設有水平角撐，就可以將屋頂面的樓板倍率納入計算（圖2①）。

一般而言，椽的做法是在桁樑、或桁條上鑿出些許鑿口之後再加以接合（圖2②），相當於樓板的空鋪格柵。不過，因為屋頂具有斜度，椽條很容易翻覆（圖2③），因此即使以同樣的施做方式，屋頂斜面愈陡，樓板倍率也就愈低。

樓板面形狀與變形量的關係

在此順帶一提，即使擁有同樣的樓板倍率，當樓板面的形狀不同時，變形量也會有所差異。例如風壓力作用在Y方向時，如果樓板面的深度不同，即使樓板倍率與剪力牆的構面距離相同，深度較深的構面會出現較小的水平變形量（圖3①）。這點與樑深愈大變形量愈小的道理相同。

此外，還必須注意的是，如果二樓與一樓的構面位置上下不一致的話（圖3②），此時二樓樓板除了負擔二樓的水平力之外，在二樓樓板中間設置的剪力牆也因為必須扮演著將水平力傳遞至一樓剪力牆的角色，因此必須將二樓樓板倍率提高。

▶圖1　樓板倍率1的思考方式

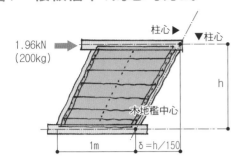

樓板倍率與壁體倍率的思考方式相同。所謂樓板倍率1是指長度1公尺的地板受到1.96kN（200公斤）的水平力作用後，產生變形角h／150的意思。

樓板倍率0.5→水平力0.98kN/m（100kg/m）
樓板倍率2.0→水平力3.92kN/m（400kg/m）

▶圖2　屋架樓板倍率的思考方式

①斜面屋頂的樓板倍率

②椽與樑的結合

③椽翻落

樓板倍率需考慮椽翻覆的因素

斜率5寸以下的屋頂之樓板倍率，與相同做法設置空鋪格柵的樓板面之樓板倍率相等。
設置防止椽翻覆的措施後，可以推定與半嵌入、或完全嵌入做法的格柵樓板具有同等的樓板倍率。

▶圖3　樓板面形狀與變形量的關係

①構面距離與深度

②一樓與二樓構面位置不一致時的注意要點

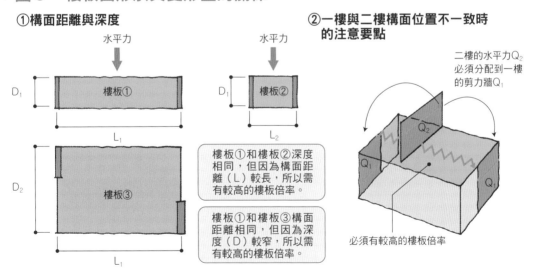

樓板①和樓板②深度相同，但因為構面距離（L）較長，所以需有較高的樓板倍率。

樓板①和樓板③構面距離相同，但因為深度（D）較窄，所以需有較高的樓板倍率。

二樓的水平力Q₂必須分配到一樓的剪力牆Q₁

必須有較高的樓板倍率

防止水平構面先被破壞

大地震發生時，樓板是不可以比剪力牆更快被破壞的，因為樓板一旦先受到破壞，即使剪力牆還很堅固，建築物也會倒塌掉。

構面距離‧樓板倍率與變形

POINT
➤ 盡量讓水平構面的變形均一化
➤ 樓板倍率要與壁體倍率、構面間距互相配合

考慮水平構面變形的設計

木造是一種水平構面、與剪力牆的剛性及配置緊密關連的構造。

例如，在兩層樓建築的二樓，必要壁量的數值很小，因此只會在外周部配置就能滿足必要壁量。但是，如果剪力牆只在外周部配置，剪力牆的構面間隔就會變長，此時就必須特別注意水平構面的變形問題。以下將針對剪力牆的壁體倍率、長度、配置變化、以及屋頂面的變形與應力狀態的五種情況加以討論。

①壁體倍率2、接近日本建築基準法規定的壁量、及樓板倍率為0.35的情況

因為需求的壁量僅設置在外周部位就能滿足，加上剪力牆構面的間隔又變長，因而造成屋頂面的變形不均勻狀態。此外，如圖①所示，樓板外周部位與設有剪力牆構面交界處的樑上會產生約5kN的軸力，在大地震發生時這個數值可能會提高3～3.5倍，因此在搭接接頭、或對接接頭上就必須要有15～20kN以上的抗拉強度才行。

②壁體倍率2、樓板倍率0.35，另在中央增加壁量的情況

因為在中央部位增加了剪力牆，使變形量、應力減少到約①的70％左右，不過水平剛性仍不足。雖然使外周部位的軸應力減半了，但是中央部位的載重負擔增加，因此對接接頭與搭接接頭仍必須有10kN以上的抗拉強度。

③壁體倍率2、樓板倍率0.35，另增加壁體倍率1.5的隔間牆

即使是剛性低的隔間牆，只要設置在建築物的中央部位，也能有讓變形與應力減低的效果。

④樓板倍率0.35，但是壁體倍率為4

雖然壁量充足，但因為構面間隔距離長，中央部位會出現大的變形。因為剪力牆的剛性高，對樑產生的軸力也會增加。

⑤壁體倍率4、配置壁量皆與④相同[3]，樓板倍率為2

雖然變形均一，但是對樑產生的軸力提高，必須注意對接接頭與搭接接頭的抗拉強度。

譯注：
3.所謂相同壁量是指，在確實固定好接合部位的前提下所保有的壁體「有效長度」而並非重量。所以兩張圖所指的壁量相同是指配置壁體的長度與位置相同，但在不同的樓板強度下，所產生的變形情況。

➤圖 剪力牆的構面間隔與樓板剛性、變形的關係

①案例 1

存在壁量	: 建築基準法的1.0倍
壁體倍率	: 2
屋頂面樓板倍率	: 0.35

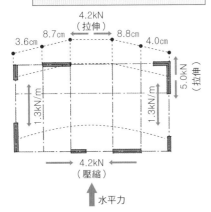

②案例 2

存在壁量	: 建築基準法的1.4倍
壁體倍率	: 2
屋頂面樓板倍率	: 0.35

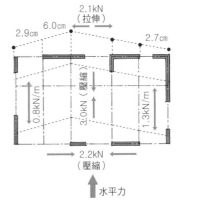

③案例 3

存在壁量	: 建築基準法的1.4倍
壁體倍率	: 2
隔間牆壁體倍率	: 1.5
屋頂面樓板倍率	: 0.35

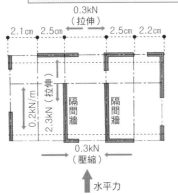

④案例 4

存在壁量	: 建築基準法的1.4倍
壁體倍率	: 4
屋頂面樓板倍率	: 0.35

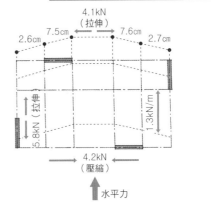

⑤案例 5

存在壁量	: 建築基準法的1.4倍
壁體倍率	: 4
屋頂面樓板倍率	: 2.00

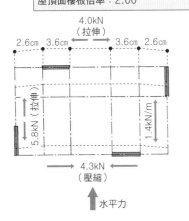

圖例

→ 對樓板面產生的剪斷力
⇒ ⇐ 對樑產生的軸力

樓板面、屋頂面變形的情況如下:
①變形均一時
→全體剪力牆有效地運作
②變形不均一時
→剪力牆的效果出現變化,又或者在剪力牆發揮
效用之前,樓板面、或接合部已經先被破壞。

提高樓板倍率的方法

POINT
> ➤ 水平剛性也會受到樓板厚度與舖設方式的影響
> ➤ 要注意水平桁架的接合方法

構造用合板以外的方法

將容許應力度設計[※]所揭示的短期容許剪斷耐力換算成樓板倍率之後，就得到右頁表格中的數值。一般來說，為了提高水平剛性，除了舖設構造用合板之外，還可以將樓地板以斜向方式舖設、或是設置水平桁架等，這些都能提高樓板倍率。

①斜板舖設

斜板舖設是將厚度18公釐左右的板材以斜向的方式來進行固定。斜向舖設的做法具有如同斜撐產生抵抗力的功效，此時格柵以500公釐以下的間隔來施做最為理想，能使板材不會產生挫屈。此外，樓板面整體要以「八字形」、或「V字形」的方式進行舖設，來取得拉力材與壓縮材之間的平衡（圖①）。

在作者曾經參與過的試驗中，斜向板舖設的樓板倍率約可達1.4。普通製材舖設的樓板倍率只有0.4左右，從這個結果可知，僅以斜向的方式進行樓板舖設，就能將樓板的水平剛性提高近3倍左右。

②水平桁架

可以將水平桁架想成攤平於水平面的斜撐。是在水平面上想保持開放性的時候會採用的做法，例如以竹編板舖設的陽台就是代表的案例之一。

為了因應可能出現的挫屈，做法上會選用厚度90公釐以上的角材，並且在樑的交叉點上將桁架交點繫結起來（圖②）。採用這種做法時，如果水平桁架的抵抗行為中僅出現壓力時，那麼接合方面以螺栓進行施工就已經足夠，但是如果有抵抗拉力的需求時，就必須採用鐵製接合物件。除此之外，如果構材長度較長，本身的重量就會使桁架產生下垂，因此必須考慮在中間部位加以吊拉。

另外，還有應用水平桁架的構法做成的立體桁架（圖③）。這種方式除了需要將各個接合部緊密接合之外，也要注意桁架根部的固定，讓根部不會因受力而擴張。

桁架是在必須做成較大空間時所採取的做法，具體接合方法需要依據結構計算來決定，審慎地檢討並確認在各個接合部位所產生的應力情況。

原注：
※出處『木造構架工法住宅的容許應力度設計（2017年版）』（財團法人日本住宅・木材技術中心）。

表 樓板倍率一覽表

樓板	格柵樓板				無格柵樓板	
	格柵間隔	完全嵌入	半嵌入	空鋪	以川字釘定	四周釘定
構造用合板 構造用面板 (1~2級)	@340以下	2.00	1.60	1.00	1.80	4.00
	@500以下	1.40	1.12	0.70		
製成板材	@340以下	0.39	0.36	0.30	—	—
	@500以下	0.26	0.24	0.20		

水平角撐的負擔面積

邊角長度

4.0m

4.0m

4.0平方公尺的樓板面內有四根水平角撐時，每一根的負擔面積是 4.0×4.0m / 4根 = 4m²

屋面板	椽間隔	固定楔	屋頂斜率		水平角撐	負擔面積	繫結樑的深度（樑寬105以上）		
			30°以下	45°以下			240以上	150以上	105以上
構造用合板 構造用面板 (1~3級)	@500以下	無	0.70	0.50	鋼製	2.5m²以下	0.80	0.60	0.50
		有	1.00	0.70		3.75m²以下	0.48	0.36	0.30
						5.0m²以下	0.24	0.18	0.15
製成板材	@500以下	無	0.20	0.10	木材 (90×90 以上)	2.5m²以下	0.80	0.60	0.50
						3.75m²以下	0.48	0.36	0.30
						5.0m²以下	0.24	0.18	0.15

註：上表的樓板倍率是依據日本『木造構架工法住宅的容許應力度設計（2017年版）』（財團法人日本住宅‧木材技術中心）所指示的短
期容許剪斷耐力△Qa〔kN/m〕除以1.96〔kN/m〕所得的數值。
‧無格柵樓板的板厚應在24公釐以上，用長度75公釐的釘子以間距150公釐以下來釘定。
‧構造用合板及面板的板厚方面，用於樓地板時為12~15公釐；用於屋面底板時為9~15公釐，以N50的釘子採間隔150公釐以下進行釘定。
‧製材板若用於樓地板時，厚度為12~15公釐（用於屋面底板時為9~15公釐），以寬度180公釐以上的板材、N50的釘子採間隔150公釐
以下進行釘定。
‧木製水平角撐需在90×90公釐以上，邊角長度在750公釐以上。

圖 提高水平剛性的方法

①斜向板舖設

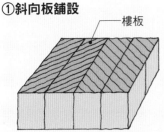

樓板

‧將樓板以八字形、或V字形來配置。
‧要注意格柵間隔與樓板的厚度。

③立體桁架

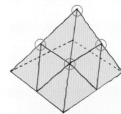

‧記號○處接合部位是構材的集合處，需加以注意。
‧需考慮底邊的外周樑不會受力外擴。

②水平桁架（斜撐）

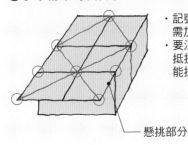

‧記號○的接合部位，需加以注意。
‧要注意鋼製斜撐沒有抵抗壓力的效果，僅能抵抗拉力。

懸挑部分

立體桁架的屋架，在接合部使用鋼板與螺栓來接合。

代表性的屋頂形狀

> **POINT**
> ➤ 屋頂的形狀不僅具有造型與遮雨的功用，在設計上也
> 必須注意屋架內的力量傳遞

木造屋頂的種類

　　木造住宅的屋頂形式是根據氣象條件、削線[4]等法規、以及設計感等要素來決定。以下簡述其中五種最具代表性的屋頂形狀與特徵。

①山牆屋頂

　　斜屋頂是最基本的形狀，長邊稱為縱向、短邊稱為橫向。短邊上的外牆面稱為山牆面，構造上必須注意山牆面的耐風處理（參照第84頁）。此外，山牆側的懸挑部分稱為檐口，這個部分必須注意受風吹襲而造成上掀的情況（參照第162頁）。構成屋頂形狀的屋架還進一步分成日式屋架與西式屋架（參照第152～160頁），為了防止屋架的縱向倒塌，兩者都會設置屋架斜撐。

②四坡頂

　　把山牆側也做成斜面的屋頂稱為四坡頂。遮雨效果比山牆屋頂好，不管是日式屋架、或是西式屋架都可以採用。因為縱向立面也呈三角形的緣故，如果確實地將接合部位緊密固定的話，屋架就不容易倒塌。在角落的椽是沒有作用的「懸臂樑」（參照第30頁），因此前端的山牆封檐板在構造上也成了屋面的重要支撐材。

③方形屋頂

　　指的是平面形狀呈正方形的四坡面屋頂。在中心部位以中央柱來支撐匯集在這裡的角椽，因為頂部是構材集中的地方，必須針對接合形狀充分檢討。

④單斜屋頂

　　是指僅有一個斜面方向的屋頂，經常運用在設有閣樓的建築上。因為斜度的關係，在某一側的樓高會比較高，因此必須注意屋簷受風掀起、以及外牆的耐風處理。

⑤平屋頂

　　是幾乎沒有斜度的平坦屋頂。雖然屋頂層因此可以善加利用，但是因為木造難以進行防雨處理，因此幾乎很少採取這種屋頂形式。

　　就構造而言，因為平屋頂的形式中沒有屋架，因此確保了屋頂面與剪力牆之間的連續性，有利於提高整體的水平剛性。

譯注：
4.日本地處緯度較高，為了在冬日確保住宅的基礎日照量，因此制定因應日照角度的削線規定。簡單來說，就是建築量體所產生的陰影必須不影響鄰房接收日照的權利。台灣在「建築技術規則」建築設計施工編第23條中，針對住宅區的高度限制有所規定，目的在於使鄰近基地有一小時以上的有效日照。

➤ 圖 木造建築中具代表性的屋頂形狀

①山牆

要注意山牆面的耐風處理

- 屋脊
- 檐口
- 縱向面
- 山牆面
- 橫向
- 縱向

山牆屋頂的例子

②四坡頂

要注意出簷部分○的支撐方法

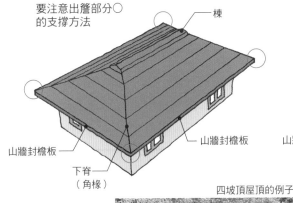

- 棟
- 山牆封檐板
- 下脊（角椽）
- 山牆封檐板

四坡頂屋頂的例子

③方形

要注意頂部○的固結方式

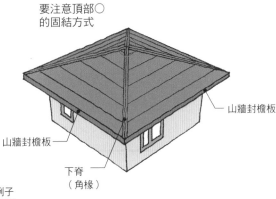

- 山牆封檐板
- 山牆封檐板
- 下脊（角椽）

④單斜屋頂

要注意縱向面較高一側的耐風處理

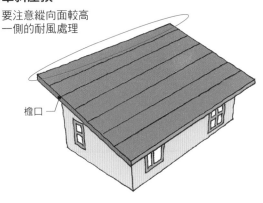

- 檐口

⑤平屋頂

要注意不產生積水與樑的彎曲變形（木造中幾乎不採用這種做法）

力・木材 ── 構架・接合 ── 剪力牆 ── **樓板組・屋架組** ── 構架計畫 ── 地盤・基礎

日式屋架與西式屋架的差異

　　屋架的形式可以大致區分為「日式屋架」與「西式屋架」兩類。

日式屋架

　　在水平配置的屋架樑上架立支柱，將桁條橫跨其上之後再架上椽，以木料疊加的方式進行組構的屋架就是日式屋架。這是日本最具代表性的屋架形式，這種屋架很容易配合各式各樣的屋頂做法，也較容易利用屋架內部的空間（圖1①）。

　　在日式屋架中，幾乎所有的屋頂載重都由屋架樑承受，因此屋架樑的斷面尺寸較大。為了防止屋架倒塌，在橫向與縱向兩個方向上都必須設置斜撐、或壁體（圖2）。另外，在屋架樑以上的構造形式很自由，但是日式屋架與屋架樑以下的構造關聯較薄弱，因此在水平力的傳遞上特別容易出現問題（參照第154頁）。

　　以閣樓來看，在設計有閣樓收納空間的平面中，也逐漸出現將屋架支柱、或桁條省略的做法，取而代之是以大斷面的椽（斜樑）來施做的斜樑形式（參照第156頁）。

西式屋架

　　把屋架做成桁架形式稱為西式屋架（圖1②）。日本從明治時期開始，在接受西方人技術指導的官方建築中，特別是工廠與學校等需要大空間的建築物，經常使用這種屋架形式。這是符合力學原理的桁架理論輸入日本後的產物。

　　因為桁架構材上僅會受軸力作用，因此即使是小斷面的構材也能做出相當大的跨距。不過，各個接合部的接合必須併用五金，特別是受到拉力作用的部位。不過，因為西式屋架中有許多斜向材料的配置，閣樓的利用很容易受到限制。

　　關於受到水平載重作用而傾倒的這一點，橫向上因為有桁架的關係比較不會產生問題，但是縱向上因為沒有桁架來抵抗，因此在脊桁附近必須設置屋架斜撐（圖2）。除上述要點之外，由於接合部位繁多，考慮到施工的確實度與便利性，通常在建造時會將桁架在地面組合完成之後，再吊裝至桁樑、或柱子進行固定，因此在狹小基地上施工會有困難。

➤圖1　屋架的構造

①日式屋架

日式屋架中主要由屋架樑來支撐屋頂載重，在屋架樑上方架立支柱之後，就可以對應需求做出多種屋頂的形狀。

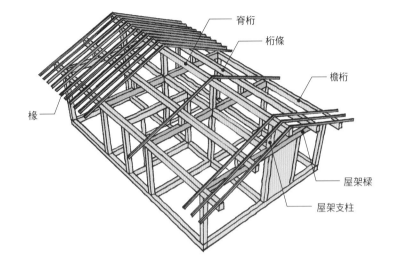

脊桁

桁條

簷桁

椽

屋架樑

屋架支柱

②西式屋架

西式屋架是以主椽、斜向材（隅撐）、支柱、水平樑所構成的「桁架」，整體用以支撐屋頂載重。

拉力作用的部位要使用螺栓、或五金來固定

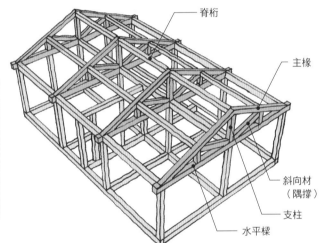

脊桁

主椽

斜向材（隅撐）

支柱

水平樑

➤圖2　防止縱向倒塌的對策

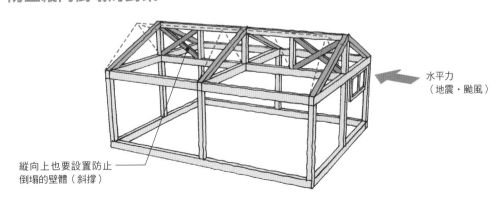

水平力（地震・颱風）

縱向上也要設置防止倒塌的壁體（斜撐）

力・木材｜構架・接合｜剪力牆｜**樓板組・屋架組**｜構架計畫｜地盤・基礎

桁條・椽形式的設計

POINT
> 桁條與椽的形式是將屋架樑的斷面擴大
> 要注意二樓剪力牆與屋頂面的連續性

考慮對水平力的抵抗

如果能確保屋架樑所需要的斷面，那麼採取桁條與椽形式的屋架就可以自由地架立屋架支柱，做出各式各樣的屋頂形狀（圖1）。但是就構造上來說，這就必須考量到屋架樑以下的構架與屋架構架之間的連繫。

特別是在對抗水平力的時候，僅靠屋架支柱來抵抗是不夠的，必須要在屋架裡增設有斜撐之類的壁體（圖2）。不過，由於橫向傾斜架設的椽、屋架樑、屋架支柱會形成三角形，常有人將此誤認為桁架，但因為椽是以鐵釘固定，而屋架支柱是以鍋（兩端彎成鳩尾形的鐵製固定器）來固定，這兩種接合方式並不能發揮如同桁架的效果，因此椽與屋架樑之間要設置壁體來抵抗水平力。

特別是二樓有剪力牆的時候，為了要將屋頂面的水平力順利地向二樓剪力牆傳遞，屋架內也必須要設置剪力牆（圖2）。

此外，如果配置剪力牆的構架與屋架內的壁體錯位，這時就必須確實將附近天花板面牢固地處理好，這是為了使屋頂面→屋架壁體→天花板面→二樓剪力牆的面皆得以連續，藉此將屋頂面的水平力傳遞至二樓剪力牆。

對於縱向的處理也是同樣道理，特別是當脊桁附近受到水平力作用時，很容易使屋架傾倒，因此設置壁體、或屋架斜撐來防止橫向傾倒是必要的措施。

椽的懸挑

除此之外，在日本需要設置遮陽蓬與遮雨蓬時，會採取深出簷的做法，也就是說，會將椽的懸挑長度加長。不過當有強風吹襲時，這種深出簷的部位容易受到很大的上掀力作用（參照第162頁）。特別是，以金屬板之類較輕的材料來做屋頂收邊時，經常會有受強風吹襲而掀起的情況，甚至導致屋頂被風吹走的危險，因此椽與桁樑之間的接合部必須要確實釘牢。

➤圖1　桁條與椽形式

屋架構材的名稱

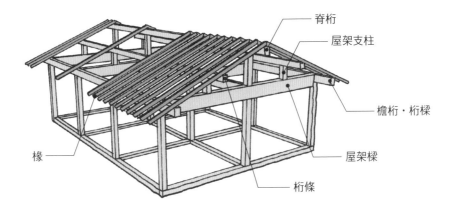

脊桁

屋架支柱

簷桁‧桁樑

椽

屋架樑

桁條

➤圖2　桁條與椽形式的注意點

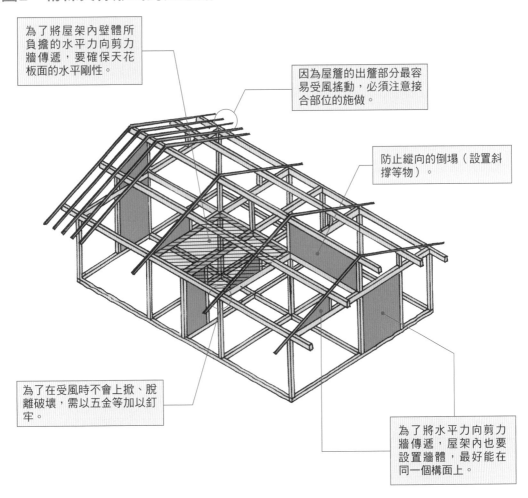

為了將屋架內壁體所負擔的水平力向剪力牆傳遞，要確保天花板面的水平剛性。

因為屋簷的出簷部分最容易受風搖動，必須注意接合部位的施做。

防止縱向的倒塌（設置斜撐等物）。

為了在受風時不會上掀、脫離破壞，需以五金等加以釘牢。

為了將水平力向剪力牆傳遞，屋架內也要設置牆體，最好能在同一個構面上。

斜樑形式的設計

> **POINT**
> ▶ 斜樑形式要注意構材的彎曲變形與外推力。充裕的斷面尺寸也能提高屋頂面的水平剛性

施加於斜樑的力

配合屋頂的傾斜度將樑傾斜架設，稱為斜樑形式的屋架。這種做法是將椽的斷面加大，進而省略屋架樑、屋架支柱、桁條，這種方式可以自由地圍塑內部空間。雖然因為構材數量減少而達到施工的合理性，但是在建造時卻因為沒有屋架樑來做定點，因此對於施工精準度的要求也大大提高。

就構造上的分類來說，這種屋架雖是屬於日式屋架，但因為斜樑形式中幾乎不會設置屋架樑，因此在屋架上施加垂直方向的載重時，屋頂整體會彎曲變形，產生將桁樑向外擴展的作用力（所謂外推力）（圖1②）。

因此，如果認為脊桁、或斜樑與居住性能無關而任意縮小斷面的話，就會使構材產生彎曲變形、且讓外推力增大，進一步使屋頂的彎曲變形加大，最後導致屋頂裝修材脫離、外牆出現裂紋、漏水等問題。

而且，在積雪地區，因為南側的雪會受到日照而快速融化，北側相對容易有殘雪，垂直載重因此出現偏移，而可能造成整體建築傾斜（圖1③）。此外，山牆面的耐風處理也必須特別注意（參照第84頁）。

針對斜樑形式弱點的對策

因此，在斜樑形式的做法上，採取以下的對策是必要的：
① 抑止、或減少脊桁與桁樑的彎曲變形
② 將剪力牆延伸至屋頂面（斜樑）
③ 加強屋頂面的堅固程度以確保水平剛性
④ 山牆面要加強耐風處理，因此可加大柱的斷面尺寸、或設置屋架樑

而抑止外推力最有效的做法是，將桁樑聯繫起來並加設水平繫材。因此，即使是採行斜樑形式的做法，也最好能以兩個開間左右的方式設置屋架樑。不過，因為這種屋架樑並無需支撐屋頂載重，所以斷面可以稍微縮小，但為了因應外推力，還是得利用拉力五金等繫件來固定。

➤ 圖1　斜樑形式

①屋架構材的名稱

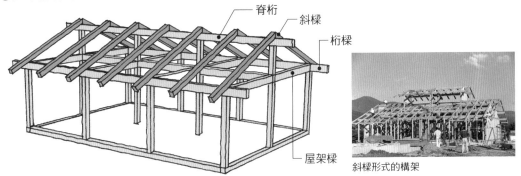

脊桁

斜樑

桁樑

屋架樑

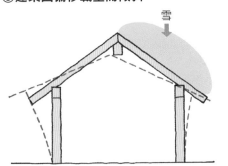

斜樑形式的構架

②脊桁、斜樑的彎曲變形與外推力

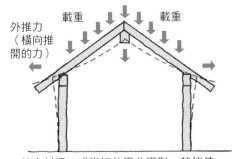

外推力
（橫向推
開的力）

載重　　載重

縮小斜樑、或脊桁的彎曲變形，就能使
外推力變小。

③建築因偏移載重而傾斜

雪

一旦在單側產生積雪就容易使建築物倒塌。可
提高屋頂面的水平剛性並縮小剪力牆構面的間
距來做為對策。

➤ 圖2　斜樑形式的注意要點

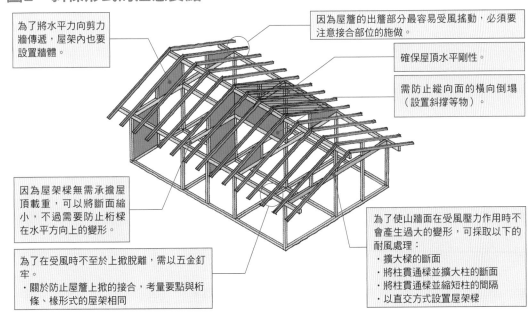

為了將水平力向剪力
牆傳遞，屋架內也要
設置牆體。

因為屋簷的出簷部分最容易受風搖動，必須要
注意接合部位的施做。

確保屋頂水平剛性。

需防止縱向面的橫向倒塌
（設置斜撐等物）。

因為屋架樑無需承擔屋
頂載重，可以將斷面縮
小，不過需要防止桁樑
在水平方向上的變形。

為了在受風時不至於上掀脫離，需以五金釘
牢。
・關於防止屋簷上掀的接合，考量要點與桁
　條、椽形式的屋架相同

為了使山牆面在受風壓力作用時不
會產生過大的變形，可採取以下的
耐風處理：
・擴大樑的斷面
・將柱貫通樑並擴大柱的斷面
・將柱貫通樑並縮短柱的間隔
・以直交方式設置屋架樑

折置式屋架與京呂式屋架

日式屋架形式中，依據屋架樑與檐桁接合方式的不同，區分為折置式屋架與京呂式屋架兩大類。

折置式屋架

所謂折置式屋架是指在屋架樑上放置簷桁後，再以勾齒搭的方式組合的屋架形式（圖1）。為了能在上方承接椽，也可視情況將接受樑設置在屋架樑下方的做法。

由於折置式屋架是將構材堆疊而成的形式，很容易會因為柱與上方樑未能直接接合而產生問題。這種情況下，一般會將柱的榫頭加長（稱為重榫）來加強接合。因為加長的榫頭可以提升力量的傳遞作用，讓上下作用的力量不會輕易地造成接頭分離。不過，如果因為木材乾燥收縮而導致榫穴產生間隙，就會讓上述的效果大打折扣。此外，在屋架頂部的做法上，也有以楔形物打入固定的方式讓構材不產生脫離，但由於重榫部分的斷面面積原本就比較小，仍舊無法抵抗很大的拉拔力，這一點要加以注意。

對應上下拉拔力的處理，可以使用螺栓將上下樑結合，或者在屋架樑接頭的附近位置設置半柱，以此將檐桁與二樓的圍樑連結起來，都是很有效的方法（參照第62頁）。

京呂式屋架

京呂式屋架是考慮遮雨棚的設置，不將屋架樑懸出外牆面的一種屋架組構方法（圖2）。做法上將屋架樑約一半左右的部分嵌入桁樑上。

屋架接頭在樑的下側形成燕尾狀的「燕尾搭接」是很常見的做法，不過在構造上，製作這樣的接頭與製作燕尾榫時需注意的問題是一樣的。

屋架樑構材的斷面一旦擴大，在支撐點的斷面缺損也會增加，因此整體的支撐力會顯著下降。針對這一點，特別是在大跨距的情況、以及屋架樑的負擔載重很大時，必須審慎地進行結構計畫，並且讓柱子能確實地支承屋架樑。另外，由於構材可能產生乾燥收縮，讓燕尾榫容易拔出脫離，因此也必須併用拉力五金來加強接頭的固定。

➤圖1　折置式屋架

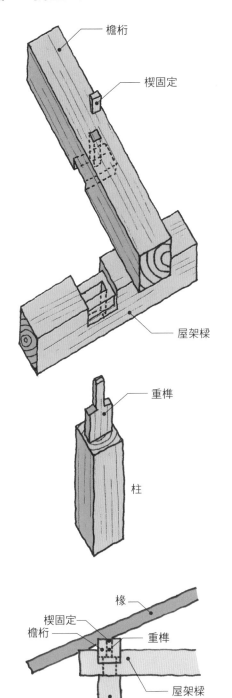

檐桁

楔固定

屋架樑

重榫

柱

椽

楔固定
檐桁
重榫
屋架樑
柱

➤圖2　京呂式屋架

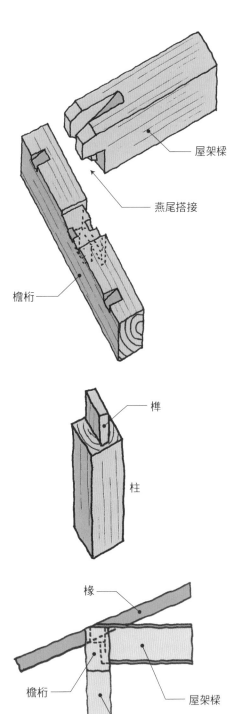

屋架樑

燕尾搭接

檐桁

榫

柱

椽

檐桁
屋架樑
柱

西式屋架的設計

POINT
➤ 西式屋架必需注意拉力接合與主椽的形狀
➤ 橫向很堅固，但必須注意縱向的倒塌

西式屋架的構造

西式屋架的構成，是利用可以將屋頂做成斜面配置的「主椽」、水平配置的「水平樑」、將水平樑從屋脊垂直繫結的「主支柱」、在主椽中央部位繫結水平樑的「吊引支柱」、及在支柱之間斜向連結的「隅撐與斜向材」等構件組成桁架的屋架（圖1）。

將桁架以約2公尺的間隔並列後，再加上桁條、或椽來構成屋頂面。

西式屋架中的水平樑在受到垂直載重作用時僅會受到拉力作用，因此不需要像日式屋架的屋架樑那樣採取大斷面的做法。此外，在因應水平載重的作用時，由於在桁架方向上就有抵抗作用力的能力，因此也無需設置日式屋架中會出現的壁體。不過在西式屋架的接合部必須要能同時承受得了拉力與壓力，因此做好確實緊密的接合工作是絕對不可輕忽的。

另一方面，西式屋架在縱向上並無桁架，因此有必要像日式屋架的做法一樣設置屋架斜撐、或壁體來加強縱向的抵抗能力。

主椽底部的設計

桁架中的接合部最需要注意的是主椽底部（圖2），此處的破壞形式可以下列三種分類來討論。

①水平樑餘長部分的剪斷破壞

水平樑的主椽底座飛離是最常見的破壞形式。要防止這種破壞發生的對策，是充分卻保從主椽至水平樑端部的距離。

②水平樑的壓陷破壞

這種破壞方式會導致構架耐力降低，雖然桁架會因此歪斜，卻不至於對整體構架產生致命的破壞。再者，增加水平樑與主椽的接合面積，也就是擴大主椽的構材斷面尺寸，也能有效提高構架耐力。

③水平樑的拉力破壞

這種破壞產生的原因主要是水平樑附近的接頭鑿口較大，又或者是水平樑的斷面積過小所造成。雖然這種情形很少見，不過為了防止這類破壞的產生，將接頭的鑿口縮小會是有效的解決方式。

➤ 圖1　西式屋架的注意要點

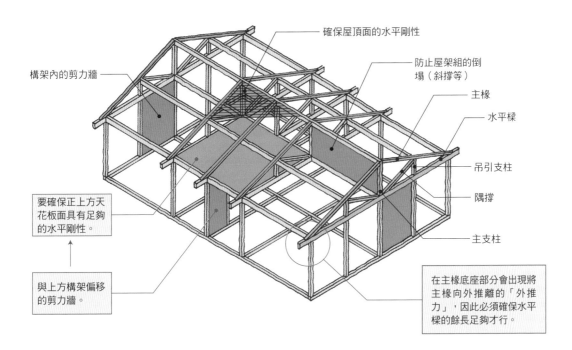

確保屋頂面的水平剛性

防止屋架組的倒塌（斜撐等）

構架內的剪力牆

主椽

水平樑

吊引支柱

隅撐

主支柱

要確保正上方天花板面具有足夠的水平剛性。

與上方構架偏移的剪力牆。

在主椽底座部分會出現將主椽向外推離的「外推力」，因此必須確保水平樑的餘長足夠才行。

➤ 圖2　主椽底座

①主椽底座的設計

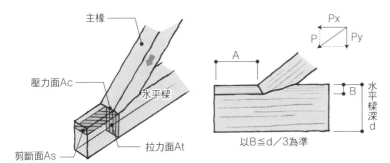

主椽

壓力面Ac

水平樑

剪斷面As

拉力面At

Px

P　Py

A

B

水平樑深d

以B≦d／3為準

由於是以壓力面Ac來決定耐力的緣故，因此要以Ac／As≦1／15來設定。
舉例：樑寬120公釐，B＝15公釐時，A≧15×B＝225
（再者，若採取4寸斜率與不在等級劃分內的杉材施做時，容許P＝12.5kN）

②主椽底座的破壞形式

a)剪斷破壞
（常見的破壞形式）

b)受壓破壞

c)拉力破壞
（甚少發生）

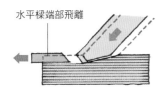

水平樑端部飛離

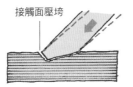

接觸面壓垮

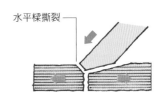

水平樑撕裂

關於屋簷受風掀起的對策

POINT
> 屋簷受到反覆變化的載重作用、以及長年累月的劣化影響下，必須確保深出簷的拉引固定來提高接合耐力

懸臂樑的接合與「拉引」

日本的木造住宅很多，自古以來為了因應風雨與日照的條件，發展出以深出簷的做法來處理屋頂。就構造上來說，深出簷是椽向外懸挑所形成的部分。懸挑部分稱為懸臂樑，要讓懸臂樑在構造上成立，就必須確實將支撐點固定。另外，對抗反力所需要的「拉引」也是必要的措施（參照第30頁）。

「拉引」是利用一定長度的構材在屋頂構架的內側形成支撐力，一般以懸挑距離的1.5～2.0倍以上來施做，並且被要求在即使受到極端作用力施加在支點上時也不能出現缺損。特別是在屋頂的兩個面向都有懸挑的最末端角落部分，因為會受到很大的上掀力作用，更需要特別注意。

作用在椽上的力

椽除了承受屋頂載重等常時作用的垂直方向作用力之外，有時還有積雪載重、暴風時風壓力（向下與向上的掀力）等的短期作用力。因此，椽的斷面尺寸必須考量這些載重，同時思考深出簷懸挑的條件之後才能決定。

作用在椽上的載重會受到屋頂裝修材與椽條本身間隔（負擔寬度）的影響，而風壓力則受到建築基地的基準風速與周邊建築物高度的影響（圖1）。由於上掀力的作用方向與重力的作用方向相反，如果使用屋瓦類等較重的屋頂裝修材，幾乎不會出現上掀這種作用力，但如果是金屬板這類較輕的材料，上掀的力量就會大增。

接合椽條的方式有①馬車螺栓、②扭力五金、③斜釘等三種具代表性的方法（圖2）。在屋簷頻繁受到反覆載重作用的位置、以及外部邊界處容易產生劣化的地方，採用的接合方式都要保有足以因應作用力所需的充分空間。

圖2是懸挑910公釐的椽接合方式，可以承受多少上掀力的試驗結果。從這個試驗結果來看，當椽的間隔設定在455公釐時，馬車螺栓可承受載重的能力強、且不易變形；而扭力五金承受載重的能力次之、但變形承受量大；斜釘則是承受載重的能力最差、容易瀕臨耐力的極限。

➤ 圖1　因應屋簷上掀的有效接合

屋簷的上掀

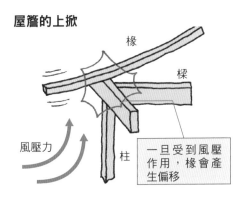

椽

樑

柱

風壓力

一旦受到風壓作用，椽會產生偏移

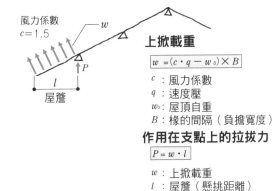

風力係數
$c = 1.5$

w

屋簷

l

P

上掀載重

$$w = (c \cdot q - w_0) \times B$$

c：風力係數
q：速度壓
w_0：屋頂自重
B：椽的間隔（負擔寬度）

作用在支點上的拉拔力

$$P = w \cdot l$$

w：上掀載重
l：屋簷（懸挑距離）

➤ 圖2　懸挑椽的接頭耐力試驗

簷口椽的接合方法

（1）馬車螺拴　　　（2）扭力五金　　　（3）斜釘

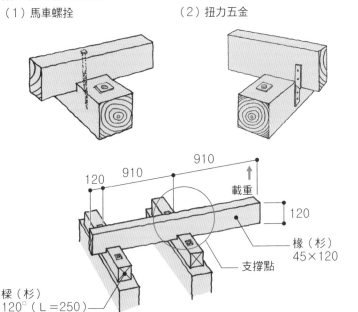

120　910

910

120

載重

120

椽（杉）
45×120

支撐點

樑（杉）
120□（L＝250）

□：正方形的斜角

支撐點的接合方式以上述三種做法來施做，並針對各自可承受的拉拔力進行耐力試驗與調查。

右圖是針對各個接合做法對應上掀力的拉伸耐力試驗結果。以910公釐的簷口懸挑、及455公釐的椽間隔為設定條件，在兩層樓建築的屋頂面上測定對抗上掀力的能力。馬車螺拴與扭力五金尚無問題，但是斜釘的做法呈現臨界破壞的狀態。

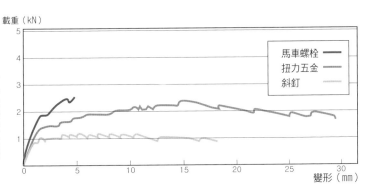

載重（kN）

馬車螺栓
扭力五金
斜釘

變形（mm）

力・木材　構架・接合　剪力牆　**樓板組・屋架組**　構架計畫　地盤・基礎

水平構面的接合方法

> **POINT**
> ➤ 要防止水平構面先被破壞掉，建築物外周部位與剪力牆構面的搭接接頭與對街接頭的接合是關鍵

在水平構面的接合部產生作用的力

　　建築物一旦出現水平力作用時，樓板與屋頂面等的水平構面會產生變形。此時在水平構面的外周框架上會出現壓縮力與拉張力的作用（圖1）。

　　在通柱構架裡（參照第60頁），拉力側的樑會從受拉力作用的柱上拔出。一旦樑被拔出，不僅樓板會鬆脫使水平力無法傳遞至剪力牆，同時也會無法支撐常時載重。因此，必須使用鍵形螺栓等的五金構件將柱與樑牢固繫結，藉此防止樑被拔出。

　　若是通樑構架（參照第62頁）的構造，樑上因為設有對接接頭，因此面對拉力作用時，得要確保接頭部分不會脫離破壞。

　　除此之外，在剪力牆構面上會出現很大的拉應力，必須注意各個接合部位的固定（圖2）。特別是與側邊廂房連接時，廂房的樑與二樓樓板樑之間經常有高低差，導致力量很難順利傳遞。因此，

在廂房的閣樓內設置壁體，或者將廂房的屋架樑與本體屋架的樓板樑直接連結等做法，皆有助於水平力的傳遞，這也是不可忽略的必要措施。

何謂接合部倍率

　　在品確法中，是提出以「接合部倍率」※做為水平構面的接合部耐力評估指標[5]。這個指標將剪力牆端部的柱頭與柱腳的接合方法以N值（參照第130頁）進行對照。

　　需要較高樓板倍率的情況下，就代表外周接合部位也將出現較大的應力，此時應該要採取接合部倍率較高的接合方式來施做（參照第146頁）。

　　圖2與表在說明傳統的搭接接頭與對接接頭的抗拉耐力試驗結果。在這些接合方法中，通柱搭接的耐力稍低，因此需要在接頭形狀上下功夫，又或者可以採取將剪力牆構面的間距控制在4公尺以內的做法。

原注：
※相當於將『木造構架工法住宅的容許應力度設計（2017年版）』（財團法人日本住宅 木材技術中心）中的短期容許拉伸耐力Ta除以5.3所得的數值（接合部倍率=Ta／5.3）。

譯注：
5.台灣雖無接合部倍率的相關規定，不過在「木構造建築物設計及施工技術規範」的第六章「構材接合部設計」針對木構造的各種接合方式有相關說明，並訂定抵抗各類應力時應具備的強度與做法。

▶圖1　在水平構面的接合部產生作用的力

①在水平構面的外周部位產生的力

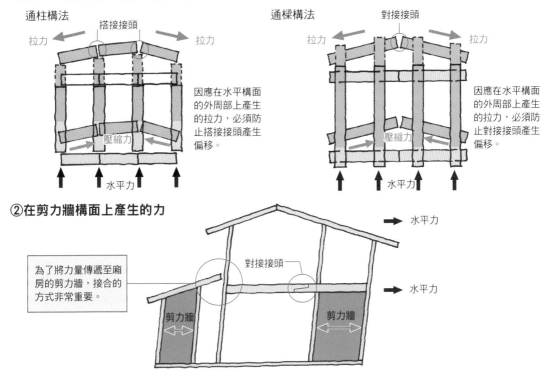

通柱構法

搭接接頭

拉力　　　　　拉力

壓縮力

水平力

因應在水平構面的外周部上產生的拉力，必須防止搭接接頭產生偏移。

通樑構法

對接接頭

拉力　　　　　拉力

壓縮力

水平力

因應在水平構面的外周部上產生的拉力，必須防止對接接頭產生偏移。

②在剪力牆構面上產生的力

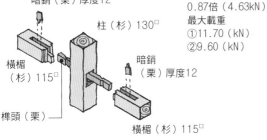

為了將力量傳遞至廂房的剪力牆，接合的方式非常重要。

對接接頭

水平力

水平力

剪力牆　　　　　剪力牆

▶圖2　通柱的搭接接頭抗拉耐力試驗

①榫頭以插榫固定

橫楣（杉）115□

柱（杉）130□

插栓（栗）15□

榫頭（栗）

橫楣（杉）115□

插栓（栗）15□

接合部倍率
0.49倍（2.59kN）
最大載重
①6.07（kN）
②6.60（kN）

②榫頭以暗榫固定

暗銷（栗）厚度12

柱（杉）130□

橫楣（杉）115□

榫頭（栗）

暗銷（栗）厚度12

橫楣（杉）115□

接合部倍率
0.87倍（4.63kN）
最大載重
①11.70（kN）
②9.60（kN）

□：正方形的斜角

▶表　對接接頭拉力試驗

對接接頭的種類		樹種	斷面 B×D	最大載重 P（kN）	短期基準接合部耐力 Pt（kN）
	金輪對接（縱向）	杉	120×180	27.18	14.17
	追掛對接	杉	120×180	55.98	30.78
	蛇首	杉	120×180	27.77	16.55

力・木材──構架・接合──剪力牆──**樓板組・屋架組**──構架計畫──地盤・基礎

COLUMN 設置伸縮縫的方法

① 上部構造的伸縮縫

在搖擺方式不同的建築物間設置伸縮

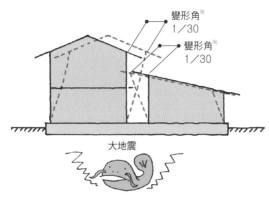

變形角※
1／30

變形角※
1／30

大地震

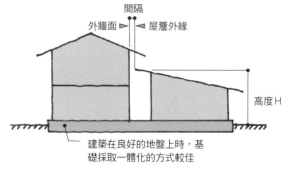

間隔

外牆面 ◀▶ 屋簷外緣

高度H

建築在良好的地盤上時，基礎採取一體化的方式較佳

※發生大地震時是兩建物最靠近的時候，會出現平常不會有的距離。一般木造住宅的層間變位角以約1／30為原則，外牆面與屋簷外緣則以2×H／30＝H／15以上來設計。

② 基礎的伸縮縫

在軟弱地盤時，基礎也要設置伸縮縫

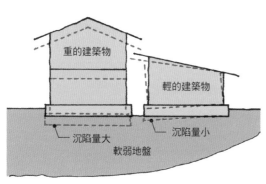

重的建築物

輕的建築物

沉陷量大

沉陷量小

軟弱地盤

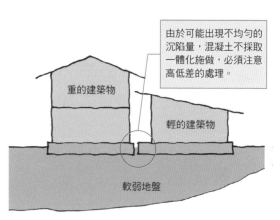

由於可能出現不均勻的沉陷量，混凝土不採取一體化施做，必須注意高低差的處理。

重的建築物

輕的建築物

軟弱地盤

兩種需要設置（伸縮縫）的案例

所謂的伸縮縫是將性質不同的兩個構造體分離，使之不會互相傳遞力量的做法。

需要設置伸縮的情形包括了，①因應水平力的作用需求、②因應地盤沉陷兩種情況。①就像搖擺狀態不一致的兩層樓建築與平屋頂建築相鄰，相互間的水平變形量到達最大值時，建築物間會呈現與平常不一樣的間隔距離。②則是在軟弱地盤上配置重量不同的建築物時，為了能因應不同的沉陷量，不僅要設置伸縮縫讓上部構造體分離，在基礎部分也必須分隔開來配置，使建築物不會因為不均勻沉陷而造成破壞。就②的情形來說，基礎伸縮縫的寬度雖然不需要做得像①那麼寬，但卻要考慮到有高低差出現的問題，在裝修、或設備配管需有設計上的考量。

05

Chapter

木構造的構架計畫

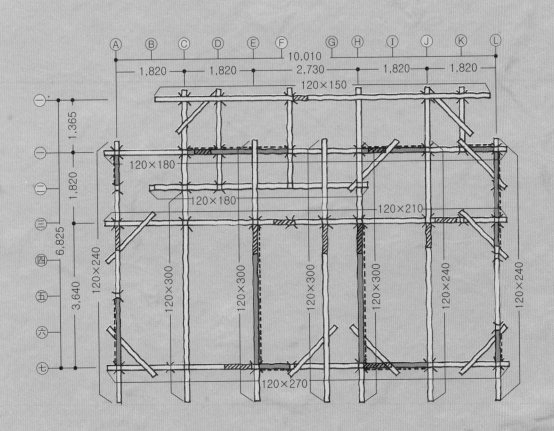

木造住宅的受災模式

POINT

> 木構造受災的主要原因，包含構材斷面不足、剪力牆
> 的量與配置不完備、接合不佳、基礎不良等因素

木構造的多種災害類型

　　日本位處四個板塊的交界上，活斷層很多，可說是地震大國。除了地震之外，日本北部還會遭受豪大雪，南部則有颱風登陸，頻繁地受到自然災害的侵襲。下列是這些災害對木構造所帶來的影響。

①颱風引起的災害

　　屋簷受強風吹襲上掀導致屋頂飛走、屋頂構材脫落、招牌看板等物件飛離建築物…等。無論以何種形式破壞，都是因為構材接合不良所引起的，甚至連倉庫倒塌的情況也是錨定螺栓的固定工作不完備而引發的。

②積雪引起的災害

　　因為出現比構造預設可承受雪載重還多的積雪量，使樑柱因無法承受載重而倒塌；另一方面也會因為建築物南北側的融雪情況有所差異，使得載重偏移而產生傾斜。

③地震引起的災害

　　地盤、或基礎不良是最常見的原因。例如僅以礎石做為基礎造成支柱根部鬆動、移動，或者是在軟弱地盤上以無鋼筋水泥板塊做為基礎因而產生裂痕（圖3①），還有因錨定螺栓施做的不完備造成上部構造發生重大災害（圖3②）的情況。

　　其次，也有很多是因為耐震構材不完備、偏心載重、與接合不良等原因引發的災害。例如擴大南面開口、正面窄小、或在角地建造的建築物等，因為剪力牆呈偏心配置，因此產生扭轉而倒塌的破壞案例也很常見。

　　除此之外，也有因為水平構面的水平剛性不足所產生的破壞。不過，這種破壞很難在第一時間發現，例如酒窖之類細長形平面建築物，中間部分如果沒有牆體，經年累月之下會出現過大的變形量而崩壞（圖3④）。

　　建築物在新落成時就算沒有受到災害，但隨著逐年老化，受災害的情況也會隨之增加。特別是因為腐朽、或蟻害等原因，構材逐漸產生裂化使構造耐力受到影響，但這種情況卻往往因為裝修材的包覆隱蔽而難以掌握災害情形。如出現這種疑慮時，除了採用不容易受到腐朽、或蟻害的工法、或材料外，設計上也必須採取竣工後能方便進行檢查的方式。

圖1　颱風引起的災害模式

接合不良所引起的破壞

因為屋簷的接合
不良造成屋頂飛離

因錨定螺栓的固定工作不完備造成基礎浮起。

圖2　積雪引起的災害模式

偏移載重所引起的破壞

圖3　地震引起的災害模式

**①伴隨無鋼筋基礎的破壞，造成上部構造
　的破壞**

軟弱地盤

②因為接合不良，基礎開始向外滑動

**③面寬狹小的建築物因壁量不足而造成
　樓層崩塌**

④水平構面的水平剛性不足而造成破壞

主要災害與構造準則的變遷

POINT

▶ 構造準則的修訂與災害的檢討息息相關。但不要盲目受數值標準箝制，也要了解準則的目的。

濃尾地震是契機點

日本開始對木構造的耐震性能進行研究，始於明治24年（西元一八九一年）的濃尾地震。震災預防調查會在彙整木造住宅的受災調查結果之後，做出提高木造耐震性能的建言。要點有下面四點，①注意基礎構造、②盡量避免木材的鑿口、③在木材接合部採用五金接合、④使用斜撐等斜向材來構成三角形構架（也就是設置剪力牆）。

事實上這些提議是非常通用性的，即使到了現代也仍需進行同樣的考量。

之後的大正12年（西元一九二三年）關東大地震，更是確定了耐震設計的核心思考方向（參照第34頁）：①在中小型地震中，建築物不會損傷、②罕見的大地震發生時，建築物即使出現某種程度的損傷也不至於崩毀，能夠保護人命與財產的安全。

隨後，剪力牆配置量的具體規範在昭和25年（西元一九五〇年）於建築基準法中制定。此後，針對壁體量的規定也一點一點地被強化起來。昭和56年（西元一九八一年）實施的「新耐震設計法」中就已經設定了目前所採行的規定值。

平成7年（西元一九九五年）的阪神・淡路大地震，因為發生的災害大多都是扭轉破壞與接合不良、基礎不完善等因素引起的，針對這些部分制定的具體做法從平成12年（西元二〇〇〇年）規定以來沿用至今。

「耐震偽裝[1]」造成的影響

此外，耐震強度偽裝事件也對木造的設計產生重大的影響，雖然這並不屬於災害的範疇。

原本建築簷高在9公尺以下、高度在13公尺以下、總建築面積在500平方公尺以下的小規模木造住宅不需進行結構計算，建築師完成設計後也不需要在申請建築許可時提出壁量計算等文件，但這個特例（4號特例[2]）已被加以修正。主要目的在於防止因為設計者知識不足、或錯誤判斷，導致建築物的耐震性不足。

譯注：

1. 日本在2005年11月查出千葉縣一名建築師由於個人利益而長期偽造結構計算書的事件。調查後發現其經手的許多建築物並不符合法規規定的抗震強度，也引發社會對於住宅安全的討論，因而陸續發現其他的結構計算偽造案件，是一樁重大的建築舞弊事件。

2. 4號特例是以日本建築基準法第6條之三為基礎，符合特定條件的建築在申請審查時可以省略部分審查項目的規定。

▶ 表　主要災害與木構造基準的變遷

主要災害	災害內容	木構造基準的主要內容
		（強度因木匠師傅的傳統技術而得以確保）
1891年（明治24）10月28日 濃尾地震（M8.0）	磚造、石造建築受災大 ＜木構造耐震研究開始＞ 1897（明治30） ＜鋼骨造‧鋼筋混凝土造傳入＞	1894年（明治27）「木造耐震住宅構造要領」： ①注意基礎構造。 ②盡量避免木材鑿口。 ③在接合部以金屬（五金）施做。 ④採用斜撐等斜向構材來構成三角形構架。
1923年（大正12）9月1日 關東大地震（M7.9）	因火災而產生二次災害 磚造、石造建築倒塌率超過80% 木構造受災原因 ‧地盤不良 ‧基礎：砌石、圓礫石 ‧壁：斜撐不足 ‧柱：過細、不足 ‧柱、樑、木地檻的繫結不完全 ‧木地檻、接頭腐朽	1920年（大正8）「市街地建築物法」： ①高度限制（15.2公尺以下、3層樓以下）。 ②木材的防腐措施。 ③以螺栓等物將搭接、對接接頭牢固繫緊。 ④禁止使用鑿孔插柱、柱下方設置木地檻。 ⑤木地檻、基礎的角落部位設置水平角撐。 ⑥柱徑的規定。 ⑦針對柱子鑿口進行補強。 ⑧使用斜撐（僅適用於三層樓建築）。 ⑨礎石的厚度與軸向牢固繫結。
1934年（昭和9）9月21日 室戶颱風	＜開發鋼骨鋼筋混凝土建築＞ ＜剛柔論戰　（大正15～昭和11）＞ 木造小學校舍受災大	1924年（大正13）「市街地建築物法」修訂： ①強化柱徑規定。 ②規定設置斜撐、隅撐的必要（三層樓建築）。 ③高度限制（12.6公尺）以下。
1948年（昭和23）6月28日 福井地震（M7.1）	直立型地震 木造傳統住宅受災很大（軟弱地盤）	計算方法修正： ‧長期與短期兩階段。 ‧最終強度計算。
		1950年（昭和25）「建築基準法」： ①規定斜撐的必要量。 ②樑中央部下側禁止設置鑿口。
1964年（昭和39）6月16日 新潟地震（M7.5）	土壤液化	
1968年（昭和43）5月16日 十勝近海地震（M7.9）	鋼筋混凝土造、短柱剪斷破壞	1959年（昭和34）「建築基準法」部分修訂加強必要壁量。
1978年（昭和53）6月12日 宮城縣近海地震（M7.4）	樁基破壞 偏心影響 隔壁強倒塌受災	1971年（昭和46）「建築基準法施行令」修訂： ①基礎需以鋼筋混凝土施做。 ②木材的有效細長比≦150。 ③針對風壓力規定其必要壁量。 ④螺拴固定所需的墊圈。 ⑤防腐防蟻措施。
1983年（昭和58）5月26日 日本海中部地震（M7.7）	海嘯 土壤液化	1981年（昭和56）「新耐震設計法」： ①針對軟弱地盤的基礎強化。 ②加強必要壁量規定（限制變形角）。 ③變更風壓力的計算面積計算式。
1995年（平成7）1月17日 阪神‧淡路大地震（M7.3）	大都市直下型地震（活斷層、上下震動） 樁基破壞 中層建築物中間層破壞 鋼骨極厚柱的脆性破壞 木造（構架）建築物破壞	1987年（昭和62）修訂： ①柱、木地檻與基礎以錨定螺栓牢固繫結。 ②集成材的規定。 ③三層樓建築物的壁量、計算規定。
2000年（平成12）10月6日 鳥取縣西部地震（M7.3）	最大加速度926gal（日野町NS） 受災輕微	2000年（平成12）「建築基準法」修訂： ①剪力牆均衡配置的規定。 ②針對柱、斜撐、木地檻、樑的接合牢固繫結的規定。 ③基礎形狀（配筋）的規定。
2001年（平成13）3月24日 藝予地震（M6.7）	地盤受災 二次性構材掉落	
2003年（平成15）5月26日 宮城縣近海地震（M7.1）	最大加速度1106gal（大船渡EW）速度 小餘震震度亦超過6 確認1978年震災後的耐震補強效果	2000年（平成12）「促進住宅品質確保的相關法律（品確法）」 有關耐震、耐風、耐積雪的等級指示。
2003年（平成15）9月26日 十勝近海地震（M80）	長週期地震動	2003年（平成15）7月，要求24小時換氣。
2004年（平成16）10月23日 新潟縣中越地震（M6.8）	中山間地[3]的直下型地震	2004年（平成16），JAS製材規定（依據製材不同可將壁量規定抽出構造 計畫之外）。
2005年（平成17）11月 ＜耐震強度偽裝事件＞	‧別墅的耐震強度偽裝 ‧發現遺漏木造建築物的壁量計算	2004（平成16）7月，防火規定公告修訂。
2007年（平成19）3月25日 能登半島地震（M6.9）	古老的木造傳統住宅倒壞 天花板材掉落	2007年（平成19）6月20日「建築基準法」、「建築士法」修訂： ①建築確認時的審查辦法嚴格化，導入結構計算適切性的判定制度。 ②強化指定確認審查機關的監督。 ③強化建築師、建築師事務所的罰則。
2007年（平成19）7月16日 新潟縣中越近海地震（M6.8）	土壤液化 核電廠的安全性疑慮	
2011年（平成23）3月11日 東日本大地震（M9.0）	大海嘯 多起餘震、歷時長 核電廠受災 土壤液化 二次性構材掉落、損壞 長週期地震動（超高層建築）	2009年（平成21）～現在，「建築基準法」、「建築士法」修訂： ①調整4號建築物的特例。 ②創設構造設計、設備設計一級建築師的制度。 ③參與定期講習的義務規定。 ④監造業務的明確化。
2016年　（平成28）4月14日、16日 熊本地震（M7.3）	因三個斷層帶引發連鎖性的地震 在一系列的地震中，震度7有兩次 大規模的斜面崩塌	2009年（平成21）10月1日「瑕疵擔保履行法」。

右側縱向文字：力‧木材　構架‧接合　剪力牆　樓板組‧屋架組　**構架計畫**　地盤‧基礎

譯注：
3.位於都市與平地以外中央區域的農業區、以及山坡農業區的總稱。

代表性的解析方法

三種檢證方法

在結構計算的方法中，包括有容許應力度計算、保有水平耐力計算、臨界耐力計算、歷時回應解析等，以下針對上述四種計算方法進行解說。

①容許應力度計算

這是結構計算最基本的計算方法。將建築基準法中所規定的設計載重，作用在模型化的構架中，藉此求得各個構材與接合部位所產生的彎曲應力與軸力等作用力。再確認數值是否在長期、及短期的容許應力值以下，此時也會針對變形量進行確認（圖1）。

保有水平耐力計算是針對大地震發生時的檢證方法，涵蓋在容許應力度計算之中。

②臨界耐力計算

這是將建築物視為單一震動質點加以模型化，並將建築基地的地盤特性納入考慮之後，施以地震震動來測定搖晃程度的方法。施加的震動分成兩類，偶爾發生的地震（中型地震）與非常罕見的地震（大地震）。確認建築物受到這

兩種地震能量作用之後的損傷極限值，再確認數值是否在變位安全界限的要求之內（圖2）。

因為此法是以單一質點來進行模型化的關係，必須注意建築物結構要在比較均質的狀態下才適用這種解析方法。因此，如果是偏心率過大、L形、ㄇ字形的平面，或是退縮等非對稱狀態的建築物時，臨界耐力計算就必須更加慎重地進行檢討。

③歷時回應解析

將建築物看成一串丸子的狀態予以模型化，再以過去記錄過的特定地震波作用其上，藉此解析歷時性的回應變形量與回應剪力最大值。用以確認最大回應值在中型地震時是否在彈性範圍（損傷界限）以內、以及在大地震時是否在目標值（安全界限）以內。這是屬於多質點的模型，因此解析精度比臨界耐力計算更高（圖3）。

此外，為了能夠進行②、或③的解析，必須要利用「建築物載重－變形曲線」圖來輔助。也就是說，必須要有各道剪力牆的項試驗數據才能進行。

譯注：
4.主要應用於高層建築的結構計算方法。建築物根據質量、彈性、衰減的換算加以模型化後，再於地表施加隨著時間變動的地表加速度來計算建築物反應在各層的加速度、速度、變位等。順帶說明，所謂「回應」是指建築物受到地震、或風力等外部刺激後，與之相應而產生震動的現象。

➤ 圖1 容許應力度計算·保有水平耐力計算

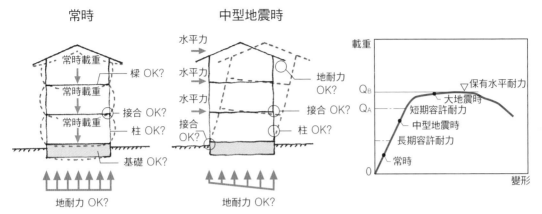

在建築物上施以載重後，確認其強度與變形是否在容許值以內。

➤ 圖2 臨界耐力計算

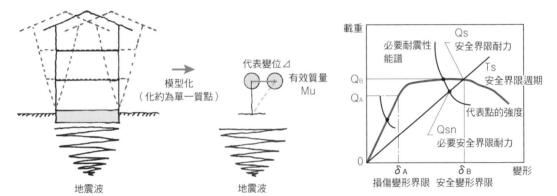

將建築物進行單一質點模型化，再以地震波加以作用，藉此確認變形是否在界限以內。

➤ 圖3 歷時回應解析

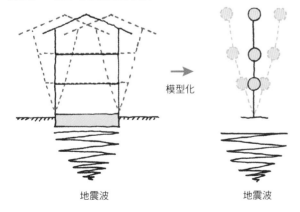
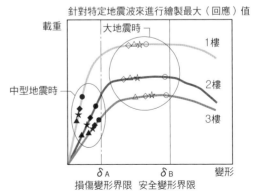

將建築物進行多質點模型化，以地震波作用來計算其震動性狀。

173

木造的結構計算流程

確認構造安全性的方法

目前木造建築物的結構設計方法，依據建築物規模與施工規範分成五個類型（圖）。雖然面積10平方公尺以下的小規模空間，例如置物間，並不需要進行結構計算，也無施工上的相關規定，但是也仍需符合耐久性的規定。像這類不必依據壁量等施工規範的情況，必須藉由「臨界耐力計算」來確認其安全性。

一般來說，被稱為4號建築物的兩層樓以下的木造建築物，若總樓板面積在500平方公尺以下、簷高在9公尺以下、且建築高度在13公尺以下的建築物，除了在做法上要滿足柱、樑、基礎等施工規範外，還必須針對壁量計算、壁體配置、柱頭與柱腳的接合方法等要點進行檢討。但是這些檢討並不會被納入施工規範中進行結構計算，而是在施工規範外，將其視為一個單獨的部分，以「容許應力度計算」的觀點針對這個部位進行安全性的確認。

但如果是三層樓以上的建築物就必須進行結構計算。將作用在建築物的地震力、及風力等作用力依據建築物的實際狀況計算，除了確保剪力牆的耐力要在這些計算值以上之外，也要進行接合部位的設計與水平構面的結構檢討。

而三層樓以上的建築其簷高與樓高都高於規定時，還必須進行層間變位角、偏心率、剛性率的檢討（流程2）。如果無法滿足偏心率與剛性率的規定時，則必須進行「保有水平耐力計算」（流程3）。或者，不採行層間變位角的檢討，而是根據臨界耐力計算，確認損傷界限與變位安全界限符合要求，此時也可以認定建築物在結構上符合規定（參照第172頁）。三層樓以上的建築除了上述規定之外，還有防火相關規範。在準防火地區中，有層間變位角需在1／150以下的規定[5]。

二〇〇七年的建築基準法修訂中，除了建築物規模的相關條文外，也因應計算方法明文規定了確認審查的方法。因此，採行臨界耐力計與歷時對應解析等高層級的計算、以及採用上級機關審定通過的程式進行結構計算，也都必須透過結構專家進行結構審查。

譯注：
5.台灣木造建築的防火規範在「木構造建築物設計及施工技術規範」第九章中有總體性的說明，除此之外，也仍符合建築技術規則的相關規定。

> 圖1　木造建築的結構計算流程[6]（不含混和式構造）

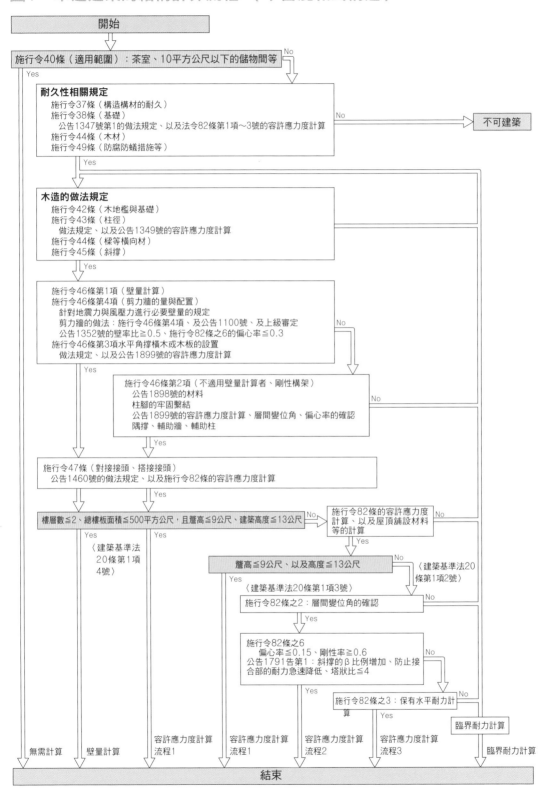

譯注：
6.台灣在木造建築的結構計算上主要依據「木構造建築物設計及施工技術規範」來進行，從結構計畫及各部分構造、結構分析、材料及容許應力、構材設計、構材接合部設計、耐久性及維護等內容，皆有說明與設計規範。

主構面與輔助構面

POINT

➤ 構造計畫就是了解構面的具體行動。了解主構面、及輔助構面，才能輕鬆面對後續的基礎計畫與改修

了解構面的計畫

進行構造計畫時最重要的關鍵就是了解「構面」。這裡的構面是指垂直構成的面，是以柱連續建構出來的「軸線」，也可以視為構架來理解。柱同時貫通一樓與二樓的構架就是主構面，而只配置在一樓、或二樓以柱做成的構架就是輔助構面。

構面務必要以一定間隔來配置，一旦有了在主構面上配置剪力牆的意識，就能整合構架，就構造上、施工上來說，就能做出避免不必要浪費的計畫。

進行基礎計畫時也以同樣的思考來進行，將地樑配置在主構面下方，若有打樁的需要時，最好也能直接在地樑下方進行配置。

以此將包含基礎在內進行構面整合，在未來建築物改建時，就可以明確分辨出需要保留的部分、可以更動、或移除也不會造成障礙的部分，對於以後的改造計畫相當有利。

主構面的間隔為二個開間

主構的間隔最好以二個開間（約3.64

公尺）為目標。這是考量了包括樑的固定長度為4公尺、木造的水平構面相當柔軟、以及避免應力集中在接合部位等因素之後，所推定出的最佳尺寸。

如果主構面的間隔超過二個開間時，必須慎重檢討樑的斷面尺寸、接頭的支撐耐力、以及水平構面的樓板倍率等要點。

以圖1、2為例，長邊方向的主構面是1、3、7三條軸線，短邊方向上則是A、E、H三條軸線。在這個平面中，兩個方向上的主構面間隔也都在二個開間以下，而且剪力牆也毫無缺漏地配置，因此可以判斷不需特別強調水平構面的堅固程度。

此外，剪力牆的配置也依照構面的載重要求，除了在建築物外周部位配置的牆體，負擔載重大的中間部位也設置了多道剪力牆，或是以壁體倍率高的牆體來配置，也是合理的做法。

➤圖 主構面與輔助構面

2層平面圖

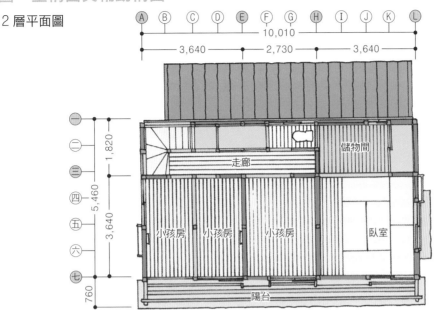

備註1 雖然僅就外牆壁量來計算就達到充足的壁量，不過為了抑制水平載重時屋架變形，因此在E、H兩軸線上也配置了剪力牆。

備註2 若將一樓的一軸線外牆也納入計算的話，就必須強化屋頂、或天花板面的穩固程度。

1層平面圖

圖例
● ：主構面
● ：輔助構面
▨ ：剪力牆

進行框架計畫時，首先要有如上圖做法的意識，使柱的軸線連續。
其次，要在這些構面上配置剪力牆，並確認其均衡度。
1）在平面圖上將柱的軸線設置成連續的構面
2）將●的軸線中心視為主構面（貫通1、2樓的構面）
3）●的軸線中心則視為輔助構面（僅出現於1樓、或2樓的構面）
4）在各個構面內配置剪力牆

框架計畫圖與構架圖

POINT
> 框架計畫圖與構架圖是用來判斷構造計畫是否完善的圖面
> 利用構架圖來掌握整體垂直方向的力量傳遞

框架計畫圖的角色

將樑的架設方式以平面來表示的圖稱為「框架計畫圖」，僅就柱、樑、壁體等的構材以立面的方式來表示的圖則稱為「構架圖」。這些圖面說明了構造計畫的基礎，因此，構造計畫的良善與否可以從這些圖面上判讀出來。

框架計畫圖是將建築物的骨架以各樓層切分來檢視的圖面，從最下層開始，包含基礎框架計畫圖、一樓框架計畫圖（木地檻框架計畫圖）、二樓框架計畫圖、屋架框架計畫圖、以及屋頂框架計畫圖。

在框架計畫圖中，標示著在樑下方的柱和支柱、以及在樑上方的柱和支柱。在樑下方的柱即是樑的支撐點，而在樑上方承載的柱表示該處有從上方傳遞下來的載重，因此，從框架計畫圖來設計樑的斷面是可行的。

構架圖的角色

不過，單就框架計畫圖仍難以了解屋頂至基礎之間所有垂直作用力是如何傳遞，有其缺點存在。

例如從圖1的框架計畫圖來看，因為長向樓板樑的跨距在一間（1.82公尺）以下，長度較短，因此設計者可能會誤認在此處設置接頭不會產生問題。但從軸線構架圖（圖2）來看時，「D-F之間」不僅有樓板載重，中間位置還有來自屋頂載重的作用力。因此從此圖即可知，不但無法在此處設置接頭，反而需要進一步將桁樑的斷面尺寸加大。

或者，也可以把預計設置在「D-E之間」的桁樑接頭取消後，在都有柱子貫通一樓與二樓的C至F之間（E軸線上視為無柱）再設置橫樑，就可以減輕二樓樓板樑的負擔載重，並且可以縮小斷面尺寸。

在構架圖中也會標示剪力牆，因此可以確認斜撐方向是否取得平衡、是否設置得當、剪力牆是否貫通至屋頂面等問題。此外，構架圖對於拉拔作用的檢討也很方便。

設計者可以用這樣的方式來掌握力量傳遞，藉以規畫出完善的構造計畫，因此框架計畫圖與構架圖二者皆缺一不可。

> **圖1　框架計畫圖**　1 樓屋架的框架計畫圖與 2 樓樓板框架計畫圖

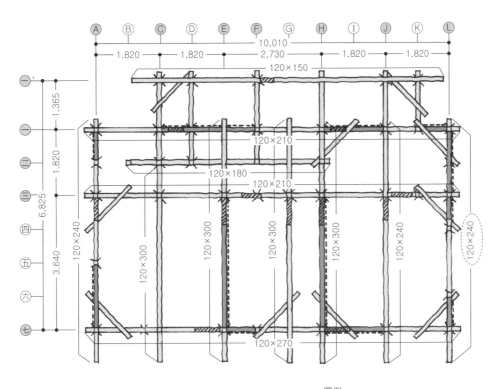

> **圖2　構架圖**

軸線一構架圖

移走對接接頭，在跨距中設置橫樑可以減輕
二樓樓板樑的負擔載重。

圖例

✕ ：一樓柱	● ：輔助構面	◯ ：柱的幅寬×高度
☐ ：二樓柱	▨ ：二樓剪力牆	
● ：柱構面	▨ ：對接接頭	

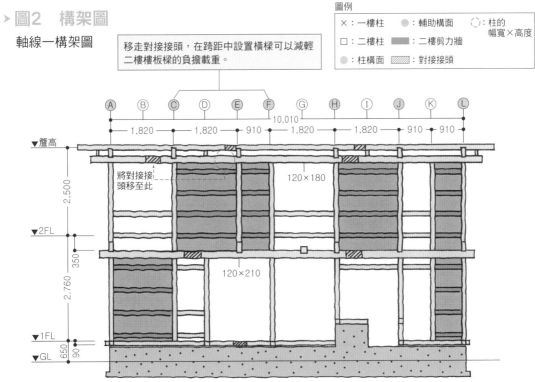

南向開口・面寬窄小

POINT

➤ 一旦剪力牆的配置出現偏移,地震發生時建築物就容易因扭轉而引發重大災害

剪力牆偏心配置時的注意要點

①南向開口

　　日本住宅為了確保通風性與日照,經常在南側配置大面開口,而寒冷的北側則配置最小尺度的開口、及主要承重的牆體,這樣的平面計畫在日本各地隨處可見(圖1①)。但是,這樣的平面計畫雖然整體上滿足了壁量的要求,剪力牆卻會出現偏心狀態,地震發生時,容易發生南側有大幅傾斜倒塌的危險。

②面寬窄小

　　面寬狹小、且屋形細長的建築物,例如長形街屋、或傳統街屋,在與鄰地地界相鄰的長邊上會不設置開口地配置一整面牆體,而在短邊方向上幾乎不設置牆體(圖1②)。最特別的是,在做為出入口的道路側都不會有牆壁,因此地震發生時建築物會往短邊方向大幅傾倒。這種災害現象在阪神・淡路大地震時曾大量出現。

重心・剛心・偏心

　　建築物的重量中心稱為重心,硬度的中心稱為剛心。重心約莫在平面圖的中心位置。所謂建築物的硬度(剛心)是指剪力牆的強度(壁體倍率×長度)。

　　例如,在建築物的北側與南側都配置同等壁量時,剛心會在建築物的中心;若將壁體位置向北偏移,那麼剛心也會跟著向北移動。此外,當重心與剛心的位置不一致時,就稱為「偏心」(參照第126頁)。位移的長度(偏心距離)愈長偏離愈大,當水平力作用時,建築物的扭轉度也愈大,建築物因而倒塌破壞的危險性也愈高(圖2)。

　　除上述情形外,即使建築平面的偏心情況輕微,但如果建築物外周沒有牆體,而是集中配置在中心部位時,外周部位就很容易出現大幅搖擺(圖3)。特別是木造的水平構面很柔軟,因此要盡量將剪力牆配置在建築物外周。

　　當建築物的平面形狀屬於面寬窄小的細長形時,將建築物以區塊分割的方式進行區劃(分區),然後針對各個區塊來滿足壁量與均衡配置的要求也是一種可行的做法(圖4)。

> 圖1　剪力牆偏移的平面

①大開口（南向）

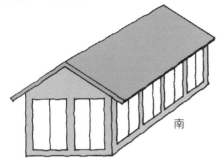

南

在南側採開放設計，把壁體單側設在北側時，容易使建築物產生扭轉。

②面寬窄小

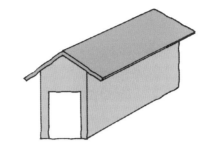

面寬窄小的建築物為了做為出入口，容易出現短邊方向壁量不足的情況。

> 圖2　牆體偏移時的扭轉

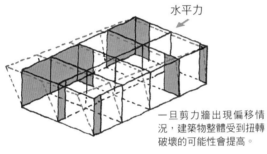

水平力

一旦剪力牆出現偏移情況，建築物整體受到扭轉破壞的可能性會提高。

1.考量樓板面的水平剛性來配置剪力牆
2.即使壁量充足，如果先出現扭轉現象，倒塌破壞的危險度仍然很高。

> 圖3　牆體設於核心位置時的變形

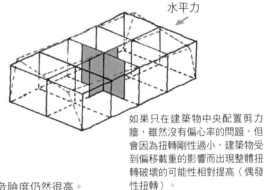

水平力

如果只在建築物中央配置剪力牆，雖然沒有偏心率的問題，但會因為扭轉剛性過小，建築物受到偏移載重的影響而出現整體扭轉破壞的可能性相對提高（偶發性扭轉）。

> 圖4　分區計畫

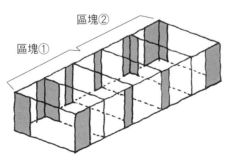

區塊②

區塊①

將一棟建築區劃分成數個區塊，在各自的區塊範圍中滿足壁量要求，並且取得配置上的均衡度，這種做法稱為分區計畫。
劃分區塊時要考慮建築物的形狀、剪力牆的配置、樓板與屋頂面的水平剛性等因素，不讓力量的傳遞在不合理的狀態下進行。

1.先劃分區域，再針對各區塊滿足其壁量要求
2.提高水平構面的剛性

力・木材　構架・接合　剪力牆　樓板組・屋架組　**構架計畫**　地盤・基礎

L形・ㄇ字形

POINT

▶ 複雜的平面可以利用長方形逐步區劃，藉此檢討是否滿足壁量的需求。必須留意外角處、內角處的接合

容易使剪力牆分佈不均的平面

容易出現剪力牆分佈不均的平面形狀，其中最具代表的典型就是L形與ㄇ字形的平面。這兩種平面形狀都不是以建築物全體進行壁量的檢討，而是分割出幾個約略區塊，再分別針對確保各區塊壁量充足，做出壁體配置平衡的設計。

①L形

平面形狀一旦有突出的部分，在受到水平力作用後，這個部分的前端就容易出現大幅度的震動。雖然這種情況在RC造與S造中也會出現，不過木造因為水平構面更為柔軟，因此配置剪力牆時需要更加注意才行。

在L形的平面計畫裡，可將平面分割成兩個長方形，再針對各區塊檢討壁量是否達到要求（圖1①）。區塊分割的方法，可以依縱向來進行分割，也可以依橫向來進行（圖2）。

②ㄇ字形

與L形平面相同，以長方形做區塊分割後再進行檢討。從平面來看區塊分割的方式，可以縱向分成三塊（圖1②），也可以橫向分割成三部分。

注意壁量的「安全率」

如同將薄薄的紙張切割成L形時，在內角部分容易受力而破裂的情況一樣，L形的平面也會在內角部分出現很大的作用力，隨後出現破壞。因此，需要注意這個部分的接合方式。

特別需要注意的是，如果劃分出的（參照第180頁）各區塊在壁量安全率（存在壁量／必要壁量）上出現大幅差異的話，在水平力作用時，各區塊的搖擺狀態也會產生差異（壁量較充足的部分不易產生搖晃，而壁量僅達要求底線的部分則很容易搖擺）。因此一旦發生地震時，在區塊交界附近的接合部位會脫離使外牆出現裂痕，之後就很容易出現漏水之類的災害。

一旦各區塊的「安全率」都足夠時，因為水平變形量降低了，就不會神經質的擔憂了。不過如果各區塊的安全率能以相近的數值來計畫的話，會是更好的做法。

→圖1 L形、ㄈ字形平面的構造計畫

①L形

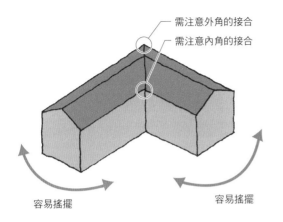

需注意外角的接合
需注意內角的接合

容易搖擺
容易搖擺

②ㄈ字形

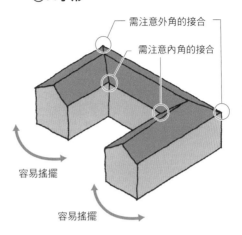

需注意外角的接合
需注意內角的接合

容易搖擺
容易搖擺

L形的分區計畫示範

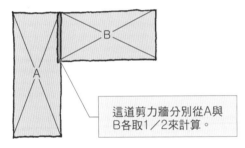

這道剪力牆分別從A與B各取1／2來計算。

劃分成A與B兩個區塊,確認各自壁量的平衡度。

ㄈ字形的分區計畫示範

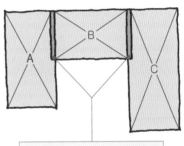

交界處的剪力牆分別取相鄰區塊的1／2來計算。

劃分成A、B與C三個區塊,必須確認每一塊的壁量和平衡度。

→圖2 分區計畫的方式

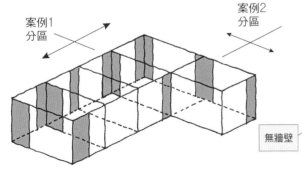

案例1 分區
案例2 分區

分割方式採用案例1、或案例2的方式皆可。需要將平面與屋頂形狀、立面形狀等都納入考量之後再行評斷。

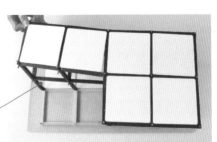

無牆壁

在L形平面的建築物中,一旦前端部分沒有設置剪力牆時,即便樓板面很堅固,也會出現大幅度的擺動。

力・木材 構架・接合 剪力牆 樓板組・屋架組 構架計畫 地盤・基礎

183

退縮・懸挑

> 在一樓與二樓的剪力牆出現錯位的情況下,必須注意水平構面的連續性、樓板倍率、以及連接處的接合

退縮

　　二樓部分比一樓面積還小的建築方式稱為「退縮」。從構造上來看,建築物的突出部分受到水平力作用時,很容易產生搖擺現象。例如,當二樓部分與一樓相比明顯較小時,二樓部分就是突出部。但在幾近完整的兩層樓建築物中,若有廂房連接的話,那麼廂房部分就是突出部。因為在建築物本體與這些突出部分相接的接合處會接收到很大作用力,需要特別注意。

　　除此之外,若從平面上來看,當二樓的外牆面上配置剪力牆而正下方卻無剪力牆時,二樓剪力牆所負擔的水平力將如何傳遞至廂房的外牆,也是必須考量的重點之一。

　　在此可以採取的對策是,除了將廂房的屋頂面、或天花板面加以強化固定之外(提高樓板倍率),也可以從一樓剪力牆→廂房屋頂面(天花板面)→廂房剪力牆,把各面做成連續性的計畫來考慮。

懸挑

　　二樓面積比一樓面積還大的出挑形式稱為「懸挑」。在這類平面的做法上,是在懸挑的懸臂樑前端設置二樓部分的剪力牆。

　　懸臂樑的前端有來自屋頂、外牆、樓板載重的常時作用力,一旦出現水平力的作用,剪力牆的反力與縱向擺動會增加,因此充分保持樑的斷面尺寸是絕對必要的。另外,在懸臂樑的支撐點上也會產生很大的彎曲應力與反作用力,因此必須盡量避免柱的榫頭與直交樑的斷面尺寸不足的情況。

　　再者,即使懸臂樑的斷面尺寸足夠,一旦剪力牆下方沒有設置柱子的話,最終的整體壁體倍率還是會降低(參照第82頁),這時可以藉由提高二樓的壁量比率來改善。此外,二樓剪力牆所負擔的水平力還是要能順暢地傳遞給一樓的剪力牆為宜,因此還是有必要提高樓板的水平剛性。

> **圖1　退縮的注意要點**

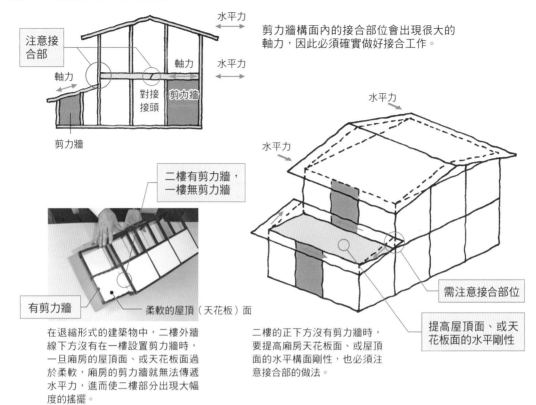

剪力牆構面內的接合部位會出現很大的軸力，因此必須確實做好接合工作。

在退縮形式的建築物中，二樓外牆線下方沒有在一樓設置剪力牆時，一旦廂房的屋頂面、或天花板面過於柔軟，廂房的剪力牆就無法傳遞水平力，進而使二樓部分出現大幅度的搖擺。

二樓的正下方沒有剪力牆時，要提高廂房天花板面、或屋頂面的水平構面剛性，也必須注意接合部的做法。

> **圖2　懸挑的注意要點**

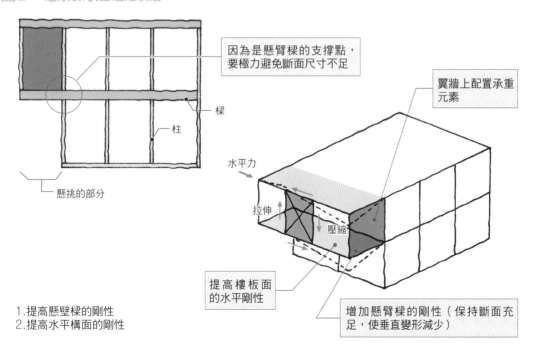

1. 提高懸壁樑的剛性
2. 提高水平構面的剛性

閣樓・夾層

POINT

> 有樓板的地方就會出現水平作用力
> 為了抵抗水平力，樓板下方必須設置剪力牆

閣樓也需要配置牆體

如同在屋架相關的章節中說過的（參照第130），二樓的剪力牆會抵抗從屋頂面傳遞過來的水平力。因此，二樓的剪力牆必須從二樓的樓板面開始，一直到屋頂面為止都呈現連續的狀態。

不過在木造中，將屋架樑以上的部分與二樓構造分開思考的人相當多，因而出現不少二樓的剪力牆只做到屋架樑或是天花板面、而閣樓內完全沒有任何牆體的構造計畫。特別是，在屋架樑之上僅用玻璃覆蓋，讓屋頂看起來像浮起來一般的設計就必須特別注意（圖1）。

在這種情形之下，可以採取在二樓剪力牆上設置相同牆體，或者因為考量通透性的要求而以鐵製斜稱來補強，使構架能確保屋頂面與剪力牆之間的連續性。要是能進一步讓這些牆體與剪力牆位在同一個構面的話更好。如果不以這樣的思考架構來配置，那麼力量的傳遞就會中斷，使屋頂出現大幅度的傾斜。

夾層下方也需配置牆體

在樓層與樓層之間的樓板稱為「夾層」。一般來說，在有夾層設計的計畫中，把夾層下方做成開放空間、但卻欠缺考量水平載重的例子相當多。

例如，設置如圖2的夾層時，如果僅就垂直載重來考量，在樓板下設置柱子後就不會產生問題。但是，一旦有載重的作用就會在該處出現地震力的水平作用力（參照第124頁）。而用來抵抗水平力的正是剪力牆，因此樓板面的水平力最終仍會由剪力牆來支撐。也就是說，如果樓板下方沒有剪力牆的話，這道樓板就如同懸浮在空中一般，一旦出現水平力作用時，立刻會搖搖晃晃地開始擺動。

因此在有樓板的地方，不僅要考慮垂直載重的支撐方式，還需要考慮對應水平力的支撐，在樓板下方設置剪力牆。當然，因為水平力的作用有X與Y兩個方向，因此剪力牆同時配置在兩個方向上是絕對必要的。

▶圖1 閣樓的注意要點

以屋頂面的水平力可以順暢
傳遞至剪力牆的方式來計畫

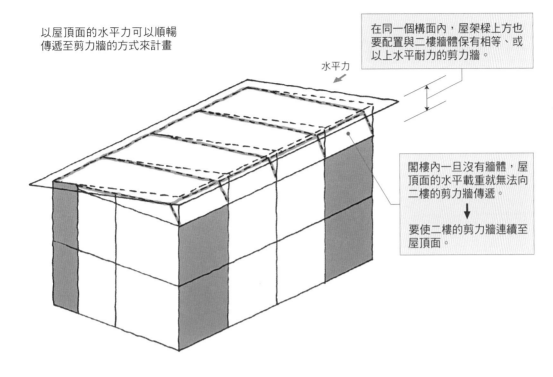

在同一個構面內，屋架樑上方也
要配置與二樓牆體保有相等、或
以上水平耐力的剪力牆。

水平力

閣樓內一旦沒有牆體，屋
頂面的水平載重就無法向
二樓的剪力牆傳遞。

↓

要使二樓的剪力牆連續至
屋頂面。

▶圖2 夾層的注意要點

以樓板面的水平力可以向剪
力牆傳遞的方式來計畫

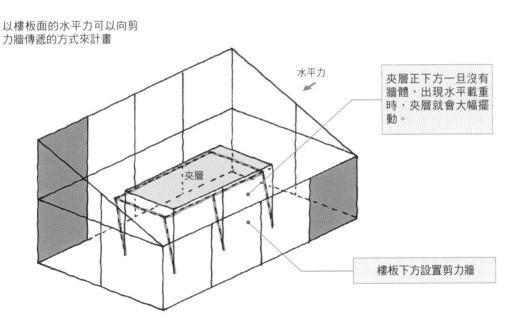

水平力

夾層正下方一旦沒有
牆體，出現水平載重
時，夾層就會大幅擺
動。

夾層

樓板下方設置剪力牆

力・木材　構架・接合　剪力牆　樓板組・屋架組　**構架計畫**　地盤・基礎

187

大型挑空

POINT

➤ 一旦出現大型挑空時，水平構面的連續性會中斷，要以分區的方式平衡地配置剪力牆

建築物中央部分的挑空

如果挑空在建築物中央附近位置、與樓梯相鄰的話，二樓的樓板會因此被分斷成兩個部分（圖①）。

如第186頁所述，在樓板面上會產生水平力。假設水平力在X方向上作用，被分斷的兩道樓板之間以「繫樑」等連結的話，左側與右側的水平力就可能進行交換。

但是，如果水平力是在Y方向上時，就等同於在繫樑的幅寬上施加作用力，因此水平力無法有效傳遞。這是因為柱可以承受垂直方向（即纖維方向）的力，但對水平方向的力會無法抵抗的緣故，設置剪力牆也會有同樣的情況（參照第107頁）。

因此在這樣的平面中，為了使樓板能夠抵抗水平力，設計構架時必須在每一道樓板下方都設置剪力牆，而且要滿足各區塊中的壁量需求並確保其均衡度。

面對外牆的大型挑空

另一方面，如果大型挑空面向外牆時（圖②），除了外牆的耐風處理必須注意外（參照第84頁），也要考量水平力的傳遞方式。

在這種情況之下，即使在有挑空的外牆上設置剪力牆，也無法將二樓樓板的水平力傳遞到剪力牆上，而僅能抵抗出現在屋頂面的水平力。因此，需要以分區的方式來進行設計，將有挑空的一側視為平屋頂，其他部分則以兩層樓來思考，並且確認各自壁量是否達到要求。如果挑空側的外牆完全沒有剪力牆時，就必須進行容許應力度設計，藉此確保足夠的屋底面的水平剛性。

挑空的目的大多是為了創造出開放感的空間，但是在面對挑空的二層樓板下方卻很容易出現只有柱子但完全沒有牆體的設計。就結構上來說是有潛在危險的，因此在有挑空的構架計畫中，樓板切斷線的下方附近一定要有剪力牆的配置，希望設計者務必牢記。

→ 圖1　大型挑空平面的構造計畫

①在建築物的中央部分出現大型挑空

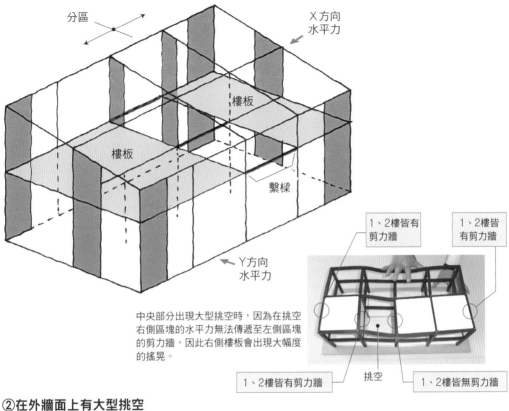

因樓梯、或挑空而將建築物分割

分區

X方向
水平力

樓板

樓板

繫樑

Y方向
水平力

1、2樓皆有
剪力牆

1、2樓皆
有剪力牆

中央部分出現大型挑空時，因為在挑空
右側區塊的水平力無法傳遞至左側區塊
的剪力牆，因此右側樓板會出現大幅度
的搖晃。

1、2樓皆有剪力牆

挑空

1、2樓皆無剪力牆

②在外牆面上有大型挑空

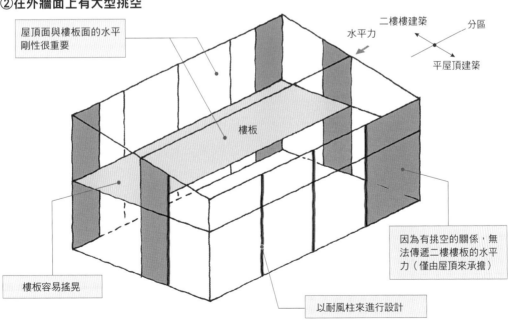

屋頂面與樓板面的水平
剛性很重要

二樓樓建築

水平力

分區

平屋頂建築

樓板

因為有挑空的關係，無
法傳遞二樓樓板的水平
力（僅由屋頂來承擔）

樓板容易搖晃

以耐風柱來進行設計

力・木材｜構架・接合｜剪力牆｜樓板組・屋架組｜構架計畫｜地盤・基礎

錯層樓板

> 樓板出現高低差的時候，為了確保水平構面的連續性，在高低差的地方要考慮以牆體來連接

樓板高低差部分也要連續

樓板中設有高低差，也就是所謂的「錯層樓板」，在構造上來看，水平構面的連續性會出現問題的。

右圖是解析在階梯狀錯開的樓板面上施以水平力（地震力）作用後的結果。一塊樓板的尺寸為邊長3,640平方公釐、高低差800公釐，樓板倍率設定為2.0。圖①是高低差部分全部為開口的情況下所測得的水平變形量，因為缺乏樓板的連續性，因此可以看出愈上層的樓板扭曲情形就愈加明顯。一段高低差的變形量約1公分，層間變位角為1／80（10mm／800mm）。

圖②是高低差的開口部分填塞之後的水平變形量，如圖所示，一旦樓板面具有連續性時，可以觀察到扭曲的情形幾乎不會發生。一段高低差的變形量約0.5公分左右，層間變位角為1／160（5mm／800mm）。

如果將扭曲部分放大來看，高低差部位全部為開口的狀態，就如同以細長形的挑空將樓板分隔開來的狀態一樣。如第188頁所述，此時各自的樓板底下都需要設置剪力牆。因此，在錯層樓板這種不具連續性的平面中，必須以分區劃分來確保每個區塊中的壁量，並以均衡的方式來配置剪力牆。

此外，在這些細長挑空周邊若有樓板，也需要將被隔斷的樓板連結起來，提高「繫結樓板」的剛性也會使高低差樓板的一體性提高。

錯層樓板的設計最好注意以下幾點。

① 依據樓板高度各自分解，針對各樓板面積確保所需要的壁量。

② 設置可將樓板高低差連結起來的承重構件，藉此提高樓板的水平剛性。

③ 確認全體剪力牆配置是否均衡。

④ 剪力牆構面的間隔如果很長，要設置內部牆體，並且配置在會出現樓板局部變形、以及可以補正扭轉的位置上。

➤圖　錯層樓板的構造計畫

①高低差部分為開口

將彎折的部分擴大來看，可以把這種狀態理解成以挑空將樓板面分段的情形。

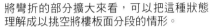

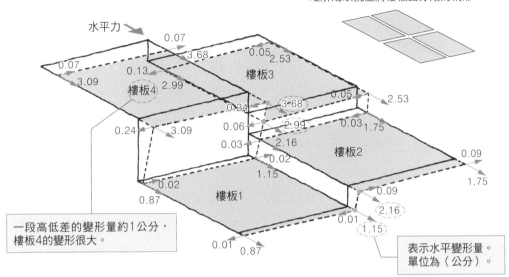

一段高低差的變形量約1公分，樓板4的變形很大。

表示水平變形量。
單位為（公分）。

高低差部分如果是開口時，因為缺乏樓板的連續性，會出現施力方向與其直交方向上的變形。

②高低差部分為牆體

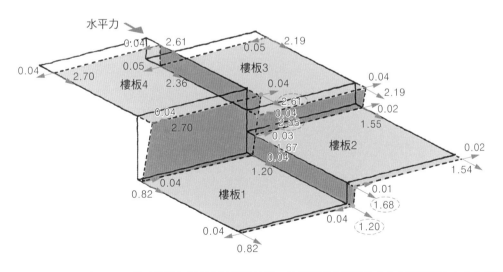

在高低差部分設置牆體使樓板面保有連續性的話，就幾乎不會出現施力方向與其直交方向上的變形。
此時一段高低差的變形量約0.5公分。

形成大空間的構架

POINT

➤ 大型空間除了以構架形式來完成之外，也可以組合數種材料使應力與變形達成合理化

代表性的構架形式

要建造如學校校舍、體育館、或集會場之類的大型空間時，做法有以下幾種構架形式。

①桁架構架

三角形的骨架會形成安定的結構。桁架就是利用這個原理形成的構造，包含將兩道平行的樑以斜向材連繫起來的「平行弦桁架」、以及將水平樑與斜樑以支柱、或斜向材連繫起來的「山形桁架」形式。這種構造除了要注意拉伸材的接合之外，還因為桁架樑的支撐點會出現很大的反作用力，因此柱要採用ＲＣ柱、或鋼柱，及設置扶壁、桁架柱等的對策是必要的考量。

②拱形構架

將樑做成圓弧狀並以壓力來抵抗外力（彎曲應力幾乎不發生作用）的構造。因曲線的形狀不同而有圓拱、拋物線拱等形式。這種構造形式的支撐點處因為會受到外推力（往水平方向擴張的力）的作用，因此必須注意這個支撐點的處理方法。

③懸吊構架

指以鋼纜將樓板樑吊起的構造方式，因為重量輕可以進行大跨距架設，因此被頻繁地使用在橋樑工程上。採行這種構造時，必須對鋼纜端部的固定方法、以及風、雪引發偏心載重的問題進行檢討。

④折板構架

與紙張摺疊後就不易產生彎折的原理相同，折板構架是將這個原理加以應用的構造形式，包含折線平行的形式、或者折線呈現放射狀形式。這種構造的關鍵點在於固定工作，要確實地壓制折線使之完全不會擴張開來。

⑤空間桁架構架

將格子樑處理成兩層，在上下的交點處以斜向材接合的立體構造。因為接合點數量多，加工因而變得複雜，因此一般多會採用金屬類的接合材。

⑥薄殼構架

構成曲面的做法，屬於能提高強度的構造方式，也是拱的一種。包括有圓錐形、球形拱頂、筒型、馬鞍型等形狀。將平面上某條對角線的角上抬並將另一條對角線的角下壓形成曲面形式，稱為「雙曲拋物面」。

➤ 圖1　可實踐大空間的各種構架形式

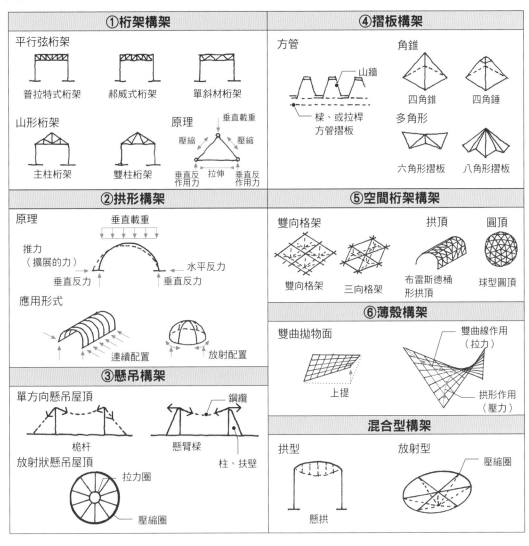

➤ 圖2　大空間構架的實例

①桁架構架體育館

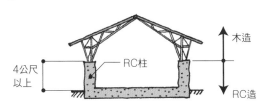

屋脊以鉸接接合來架設桁架構架屋頂。桁架的腳部以RC造的柱子來支撐。

②拱形構架體育館

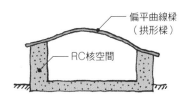

將舞台、或更衣室等空間配置在RC核空間的兩端，在上面架設集成材構成偏平曲線樑。在拱端部出現的外推力全數由RC核基部的預埋螺栓、或固定桿件等構件來支撐。

免震與制振

POINT

➤ 免震與制振措施在大地震發生時能降低損傷的程度
➤ 對應中型地震，必需確保壁量充足

免震構造

所謂的免震構造，是指在地面與建築物之間加入緩衝材，藉此吸收地震能量使地震震動不會直接傳遞至建築物的構造。

觀察建築物的固有週期（參照第198頁）與傳遞至建築物的地震力之間的關係，固有週期在0～1秒左右時，地震力輸入會逐漸增強。但如果固有週期超過2秒，地震力輸入則會有減少的傾向。超高樓層建築的建造之所以可行，就是因為有這種特性存在的緣故。建築物的週期與高度成正比關係，一旦樓層拉高，其週期也會增長，因此地震力的輸入也會隨之減少。

同樣的，將橡膠之類週期較長的構造體（免震材）塞入地面（實際上是基礎）與構架之間，使建築物的週期拉長，如此就能減輕地震力的輸入。因此，上部構造雖然緩慢地搖晃，但是幾乎不會發生室內傢俱傾倒、或讓建築物產生損傷的情況。

但是不可輕忽的是，在免震構造中，上部構造需要相當程度的強度，如果認為上部構造所受的地震力較小而減少剪力牆的配置，會使上部構造的週期增長而與免震材產生共振，導致搖擺幅的增大。雖然免震構造比較適合用在建築物重量較重、且堅固程度高的RC造上，不過在輕量柔軟的木造中，為使搖擺不至於過度激烈而結合制震材的案例也很多。

制振構造

所謂的制振構造是利用「制振阻尼」來吸收能量，藉此對抗大幅度搖擺並達到降低建築物損傷程度的構造。具體而言，這種構造是利用在斜撐中加入「黏性阻尼」來發揮效果，或是利用兩片一組的鐵板來作用。因為鐵板在發生錯動時會產生摩擦力，此摩擦力能與地震力相互抵消而達成制震目的。制振措施在對應大幅度搖晃時很有效，但是在中型地震幾乎無法發揮功用。因此，仍然必須確保剪力牆具有基準的必要壁量。制振材的使用也必須以能徹底對應大地震來進行規劃。

> ## 圖1 耐震構造

以剪力牆來抵抗

> ## 圖2 免震構造

在免震樓層內吸收地震能量
（在大地震時發揮作用）

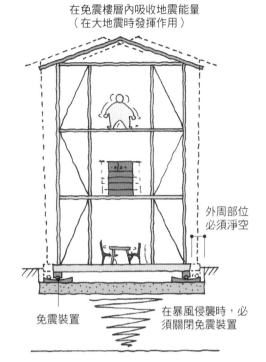

外周部位
必須淨空

免震裝置

在暴風侵襲時，必
須關閉免震裝置

> ## 圖3 制振構造

緩慢、且大幅度搖擺的建築物

以制振裝置來降低擺動
（在大地震時發揮作用）

制振裝置

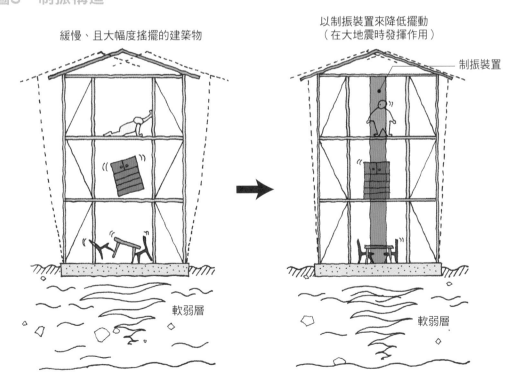

軟弱層

軟弱層

力 ・ 木材 ｜ 構架 ・ 接合 ｜ 剪力牆 ｜ 樓板組 ・ 屋架組 ｜ 構架計畫 ｜ 地盤 ・ 基礎

耐震診斷・耐震補強

POINT
> 耐震診斷的關鍵在於掌握接合狀況與構材的腐朽情形
> 改修時需要對構造、設計感、施工性等綜合考量

耐震診斷的種類

對既有建築物的耐震性能加以檢討的工作就稱為耐震診斷。耐震診斷的目的在於防止建築物在發生大地震時倒塌破壞。關於木造住宅的耐震診斷方法，包括了①非建築技術專業者也能進行的「簡易診斷」、②由建築技術專業者進行的「一般診斷」、③需具備高度結構知識的「精密診斷」三種。

①的方式主要就建築年分與建築物形狀等進行審視，能掌握概略的程度。②是最被廣泛採用的診斷方法，針對構材的腐朽程度等情形加以推敲，並進行等同於壁量計算的檢證工作，同時也掌握地盤與基礎的狀況。③則是實行相當於壁量計算、或容許應力度計算的檢證工作，同時還會進行保有水平耐力計算、臨界耐力計算、歷時回應解析（參照第172頁）等的檢討。

在進行實地調查時，必須仔細觀察一樓樓板底下與天花板內部，藉此判斷構材的老化腐朽程度與接合狀況。

耐震補強的方法

耐震診斷之後，為提升耐震性能而進行的改修稱為耐震補強。

提升耐震性能的方式中包括①以增加強度為目標、②確保大量變形的追隨性、③降低地震力三種類。

就①的方式而言，增加剪力牆的做法是很常見的，②的做法包括對既有剪力牆與柱的接合部進行補強、置換腐朽構材、在基礎中打入鋼筋等。但是在接合部往往會出現多個補強點，因此必須確實將裝修材剝除之後再行施工。

③設置免震、或制振裝置，或者將屋頂與外牆的裝修輕量化等都是減低地震力的方法。在建築物進行免震化的時候，需將全體建築物抬起，如果基礎不夠堅固的話，是無法完成這項工程的，因此這種方式可以說是大規模的工程。

除上述要點之外，耐震改修不僅僅是構造層面的工作，還必須針對居住性、設計感、施工性、及成本等加以綜合考量才行。

➤圖1 耐震診斷的檢查要點

項目	檢查要點
地盤與基礎	裂紋→不均勻沉陷、有無鋼筋。 基礎形式與配置（與上部構造的對應）。
建築物形狀	平面形狀→L、T、ㄇ字形、有大型挑空等。 立面形狀→退縮、懸挑等。 屋頂形狀→山牆、四坡頂、人字形等。
剪力牆的配置	位置有無偏移。 距離是否過大（與樓板面的對應）。
剪力牆的量	是否計算建築物重量。 是否受天花板面阻斷（關係到牆體的強度）。 有無屋架斜撐。
接合方式	柱與木地檻、樑等的接頭方式。 有無錨定螺栓、配置情形。
腐朽度	是否容易受到濕氣影響（用水場所、一樓樓板底下、閣樓）。 構材是否腐朽。 有無蟻害。

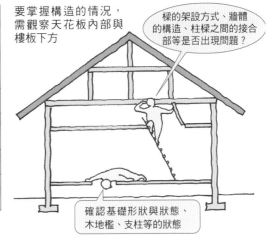

要掌握構造的情況，需觀察天花板內部與樓板下方

樑的架設方式、牆體的構造、柱樑之間的接合部等是否出現問題？

確認基礎形狀與狀態、木地檻、支柱等的狀態

➤圖2 耐震補強的例子

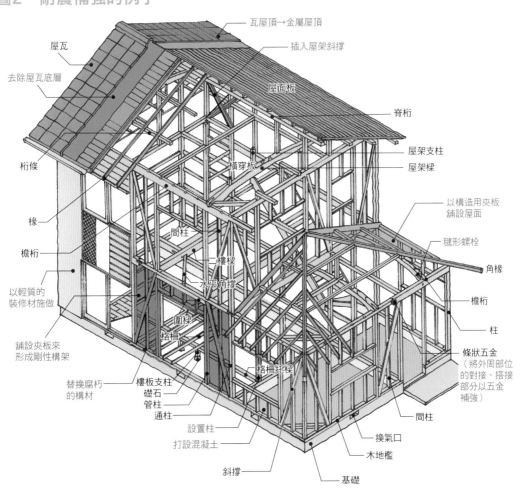

瓦屋頂→金屬屋頂
插入屋架斜撐
屋瓦
去除屋瓦底層
屋面板
脊桁
屋架支柱
屋架樑
桁條
橫穿板
椽
以構造用夾板鋪設屋面
簷桁
間柱
毽形螺栓
角椽
以輕質的裝修材施做
二樓樑
水平角撐
簷桁
柱
鋪設夾板來形成剛性構架
圍樑
格柵
替換腐朽的構材
樓板支柱
格柵托樑
礎石
管柱
間柱
通柱
設置柱
換氣口
打設混凝土
木地檻
斜撐
基礎
條狀五金（將外周部位的對接、搭接部分以五金補強）

力・木材｜構架・接合｜剪力牆｜樓板組・屋架組｜**構架計畫**｜地盤・基礎

固有週期與共振現象的關係

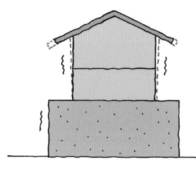

木造是柔軟的結構，震動週期長、與地盤的週期有差異，因此可以減輕搖擺的程度。

堅硬的地盤搖晃度小（週期小）。

一旦地盤與建築物的週期相近，建築物的搖晃程度會逐漸增加。

像豆腐一樣柔軟的地盤搖晃度大（週期長）。

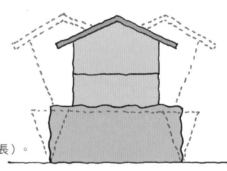

關注建築物與地盤的性質

　　建築物受到強烈的地震力作用而搖晃時，一次擺動往返的時間就稱為「建築物的固有週期」。擺動的幅度大、且速度緩慢者屬於「柔軟的建築物」，其固有週期長。擺動幅度小、且快速搖動者屬於「堅硬的建築物」，其固有週期短。此外，地盤的週期稱為「卓越週期[7]」，屬於軟弱的地層、且軟弱層很厚的地盤，其卓越週期長，而像岩盤這類堅硬的地盤卓越週期短。

　　如果地盤的卓越週期與建築物的固有週期相近，會出現搖晃幅度增加的「共振現象」。這個現象在關東大地震時，在軟弱層很厚、且廣布木造住宅的下町引發相當大的災害，不過同樣是在下町，壁體較多的土牆倉庫的受災情況就減少許多，而共振機制的理論也因而得到佐證。建築基準法藉此機會，特別針對在軟弱地盤上建造的木造住宅提出壁量比例增加的規定。

譯注：
7. 地震波在土層中傳播時會經過不同性質地質介面的多次反射，因此出現不同週期的地震波。如果某一週期的地震波與基地土層的固有週期相近，會因為共振作用而將此地震波的振幅放大，這個週期就稱為卓越週期。

06
Chapter

不可輕忽的地盤・基礎

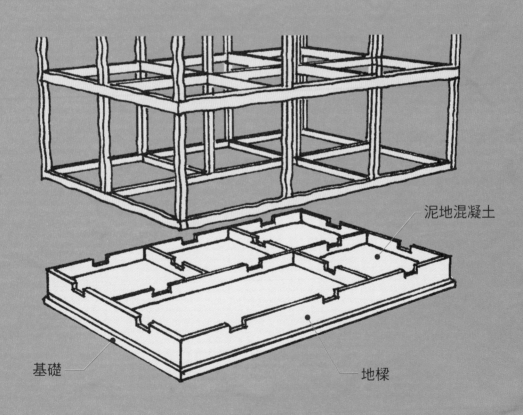

泥地混凝土

基礎

地樑

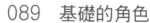

基礎的垂直與水平載重

> **POINT**
> ➤ 基礎是支撐建築物的重要元素,必須防止不均勻沉陷。在計畫時就要根據地盤與上部構造的特性來設計

對垂直載重的抵抗

基礎是將地盤與建築物連結起來的重要角色。主要功能是將包括建築物重量在內的垂直載重、地震力等的水平載重向地盤傳遞,具有防止建築物產生不均勻沉陷的功用(圖1)。

地盤的支撐力稱為地耐力,以相當於1平方公尺的地盤可以承受的載重來評估,這是從地盤調查結果中推定出來的數值。如果建築物重量除以與地面接觸的面積(底板面積)所得的數值(接地壓力)比地耐力小的話,就表示基礎能夠發揮性能。例如,若在地耐力小的軟弱地盤上設置基礎時,比較合適的做法是採取一樓樓板下方全面以混凝土澆置成底板的「板式基礎」,因為擴大底板面積會減少接地壓力。

但如果只是以底板的方式來做基礎的話,會很容易出現裂痕,同樣也很容易引起不均勻沉陷。若改以格子狀來設計突出部與地樑,就能在一開始建造時就讓底板的剛性提高(圖2)。

此外,為了讓基礎能順利接收來自上部構造的載重,地樑與邊墩部分[1]也必須對應上部構造來進行配置(圖3)。如果主要構面(參照第176頁)能夠適當規則地配置好的話,應該就能與基礎充分完善地整合起來。

對水平載重的抵抗

另一方面,水平力會在木地檻和基礎邊墩的接觸面形成摩擦,並經由錨定螺栓將上半部構造的作用力向基礎傳遞。接著,被傳遞來的水平作用力會在基礎底板與地盤間的接觸面上產生摩擦,最後隨著基礎埋入部的土壓向地盤傳遞。因此,基礎的外周部位需要有部分埋入地盤裡,即使少量埋入也都有一定的功用。

此外,建築物如果外觀上呈現瘦高形的話,會有因為水平載重作用而傾倒的危險。這時,基礎除了有常時載重所帶來的反力之外,還有因傾覆作用使得反力增加的情況,因此也必須針對短期載重進行地耐力的檢討。

譯注:
1.板邊緣向上摺疊出某個高度,形成邊框的效果,具有形抗的能力。

200

➤ 圖1　基礎的角色

①對垂直載重的抵抗
‧將建築物的載重向地盤傳遞
‧須防止長期的不均勻沉陷

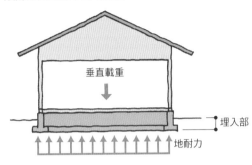

垂直載重

埋入部

地耐力

②對水平載重的抵抗
‧經由錨定螺栓將水平作用力向地盤傳遞
‧須防止不均勻沉陷

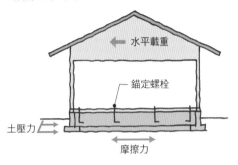

水平載重

錨定螺栓

土壓力　　摩擦力

對應重量W，地耐力（地盤的支撐力、或耐力）須有等值、或以上的數值來因應是必要條件。
一般而言，木造住宅所在位置的地耐力若有50kN/m² 以上的話，基礎採取任何形式皆可。

➤ 圖2　基礎突出部的必要性

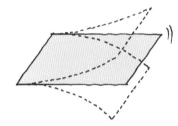

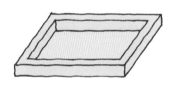

若以障子紙與窗櫺來做比喻就很容易明白，障子紙如同底板（樓板）、而此時能發揮如窗櫺般固定功用的就是地樑的結構。

沒有邊框的紙張不會安定。
（置於堅固平整的桌面時才會安定）

將四周以邊框確實圍塑起來，包圍面積愈小強度愈強。

➤ 圖3　基礎要呼應平面計畫

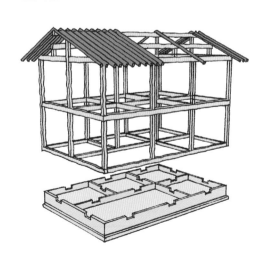

基礎形狀必須與建築物上部構造的平面計畫相呼應。

連續基礎・板式基礎・樁基礎

POINT
> 確保直接基礎的埋入深度與底板面積
> 樁基礎屬於一種地盤改良的方式

在木造住宅中採用的基礎包括①直接基礎、②柱狀改良、或樁基礎二種形式。

直接基礎的種類

直接基礎可分類為只在主柱下方設置底板的「獨立基礎」、在主要軸線上連續設置底板的「連續基礎」、以及在一樓樓板下方全面設置底板的「板式基礎」三種。直接基礎與地盤相接的底板面積愈大，反力（接地壓力）會愈小。因此，在地耐力較高的地盤上採用獨立基礎、或連續基礎的形式是可行的，不過在地耐力低的地盤上最好採用板式基礎。

因為一般木造住宅的建築物重量較輕，因此即使所在地盤屬於軟弱地層，如果軟弱層位置較淺、且厚度在1公尺左右，施工上會在地盤表層部分以砂漿類固化材來拌合以進行地盤改良，隨後就可以採取直接基礎的做法。

由於基礎的邊墩部分與埋入部分要做成地樑，所以必須連續起來，同時也要注意不會因為設置了提供人員進出維修的人孔等開口而被切斷（參照第232頁）。此外，在外周部分為了防止凍脹現象（受到地下水結冰而讓建築物浮起），因此埋入部分必須在凍結深度以下。

樁基礎的種類

樁基礎的形式包括柱狀改良、鋼管樁、磨擦樁。

所謂的柱狀改良，是指利用砂漿類固化材在地層中以樁的方式拌合，來提高地耐力的做法，因此可視為一種深層改良的方式。但由於地質的不同，可能導致固化材凝結困難，或是產生有害物質等狀況，因此在施工前必須進行試驗，才能決定固化材的種類與使用比例。鋼管樁因為管壁輕薄、且管徑較細，因此在軟弱層較厚、或是容易造成腐蝕的地層中，就必須考量使用厚管壁的材料來施做。

一般來說，樁基礎是利用樁前端的地盤支撐力、以及樁體周圍的磨擦力來支撐建築物。因此，如果軟弱層過厚而難以將樁打入堅固的支撐層時，則會將樁做成凹凸狀來增加磨擦力，成為磨擦樁來運用。

➤ 圖1 連續基礎

為了使混凝土從地底深處立起，會將地樑的深度提高來使垂直方向的剛性增加。如果地樑在平面配置上有確實地封閉起來，那麼水平方向的剛性也會提高。不過，如果樓板下方有土壤出現時，必須有除濕對策。

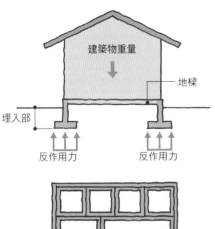

以「框」來思考載重的承受方式

➤ 圖2 板式基礎

樓板下方以混凝土全面覆蓋，利用整體基礎使載重向地盤傳遞。雖然使用的混凝土量很多，不過因為挖土量（為了施做基礎而挖掘的土量）、以及模板的使用量很少，施工方式是容易施行的。

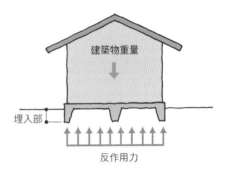

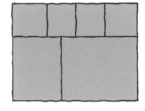

以「面」來思考載重的承受方式

➤ 圖3 椿基礎

軟弱層連續存在的時候，要將椿一直打到可堅固支撐載重的地盤為止，才能夠做成支撐建築物的基礎。柱狀改良是在地盤中混入水泥漿，並在土壤中製作椿體的一種方式。

摩擦椿（竹節式摩擦椿）並不是將椿埋至足以支撐載重的地盤上，而是利用椿與土層之間產生的摩擦力來支撐上部建築物的載重。

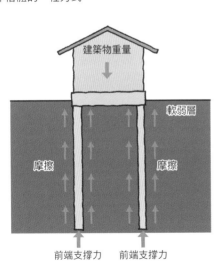

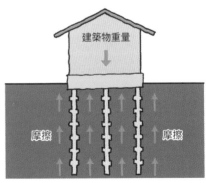

在實際的設計上，單純以椿做為基礎的情況很少，大多是在以連續基礎、或板式基礎來承受建築物重量時，再於基礎的下方設置椿。

由於木造住宅的重量較輕，因此不管從何種角度來看，設置椿基礎都是屬於地盤改良的行為。但這也僅能支撐垂直載重，無法期待它發揮水平抵抗力。

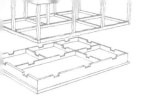

地形、地質與地盤的種類

> **POINT**
> ➤ 掌握基地的大致地形與地質
> ➤ 地盤種類根據震動特性可分成三類

地形與地質

日本是由複雜的地盤結構所組成的國家。如果將日本的地形大致加以分類的話，可以分成①山地、②丘陵與台地、③低地三個類型（圖）。

①山地

一般來說，山地雖屬於安定的地盤，但是因為受到長期地殼變動的影響，有些地方也會形成複雜的地形與地盤。在陡峭的斜坡、風化的砂質地層、或堆積的表層地盤上都很容易發生砂土崩落的情形。

②丘陵與台地

丘陵是介於平地與山地中間、標高約在300公尺以下的地形。台地比丘陵的標高低，且面積較為寬廣、平坦，主要由壤土、白砂、砂礫等構成。這二者都是相對安定的地盤，但是必須注意山崖周邊的地層滑動問題。

③低地

主要代表地層有堆積年代較淺的泥炭層、泥層、黏土層、粉砂層、砂層、砂礫層等以沖積堆疊所構成的地層，是屬於軟弱的地盤。低地因為地下水位較淺，出現土壤液化、地表破裂、沉陷等地盤變動的機率較高。低地地形包括被台地包圍形成的谷狀低地、因河川氾濫形成輕微高地的自然堤防、在自然堤防後方形成的沼澤狀低濕地，又稱為後沼、以及河川堆積物在河口所形成的三角州低地等。

地盤類型有三類

在計算作用於建築物的地震力時，也必須將地盤的震動特性納入考慮。地盤的種類可依據地盤週期分成三類（表）。

第一類地盤週期較短，如岩盤之類的硬質地盤。第三類地盤是軟弱層很厚、容易下陷的軟弱地盤，會以長週期來擺動。這種軟弱地盤也包括了特定行政廳特別指定的地盤類別。第二類地盤則是介於第一類與第三類中間的普通地盤，從接近硬質的地盤到接近軟弱的地盤，涵蓋範圍很廣是這種地盤的特徵。

▶圖　地形與地質

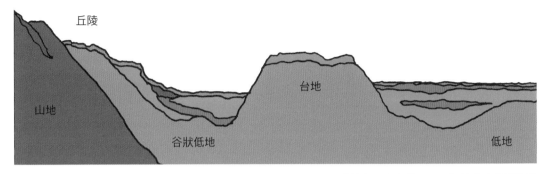

山地：地殼與地殼之間因相互撞擊的巨大壓力作用而隆起的地形。雖然有如岩盤般堅固、屬於安定性質的地盤，不過還是要注意堆積在陡峭坡地表層上的砂土有崩落的危險。
丘陵：位於山地與平地之間，是相對安定的地盤。
台地：地形平坦、且面積較廣，以壤土、或白砂等的火山灰堆積而成的情況最多，是相對安定的地盤。
低地：一般被歸類為軟弱的地盤。多是由河川活動堆積成的土砂、泥、黏土、砂礫所構成的地質為主。由於地下水位淺，因此容易出現地層破裂、土壤液化現象、或沉陷等的地表變動，大地震發生時的災害幾乎都出現在這類低地地形中。

▶表　地盤的種類

地盤的種類			地盤週期Tg（秒）
第一類地盤	由岩盤、硬質砂礫層、以及其他主要在第三紀以前形成的地質所構成的地盤。 或是，依據地盤週期的調查、或相關研究成果，認定與上述具有同等程度的地盤週期。	GL±0 岩盤、硬質砂礫 第三紀以前的地層 （洪積層）	$Tg \leqq 0.2$
第二類地盤	第1類地盤、及第3類地盤以外的地盤		$0.2 < Tg \leqq 0.75$
第三類地盤	以腐植土、泥土、以及其他以此類土質為主所構成的沖積層（有填土的地盤也納入此類）、深度在30公尺以上的地盤。 以埋填沼澤、泥沼等方式做成的地盤，深度超過3公尺以上、且從埋填起算未超過30年。 或者是，依據地盤週期所進行的調查、或研究成果，認定與上述具有同等程度的地盤。	GL±0 30m以上　以腐植土、泥土構成的沖積層（包含填土） GL±0 30m以上　未滿30年的填埋地	$0.75 < Tg$

容易發生災害的地盤

> **POINT**
> ▶ 必須注意軟弱地盤與不均質的地盤，做好基礎強化，
> 防止發生不均勻沉陷

要注意下述形態的地盤

軟弱層很厚的地盤與地層結構不均質的地盤容易對建築物造成傷害，這類地盤的代表有以下數種。

①開發地

大多出現在挖土與填土混合的地盤中，填土部分的下陷與滑動是造成不均勻沉陷的原因。

關於這種地盤的解決方法，需依據填土部分的厚度來檢討是否採取表層改良、或設置樁來改善。但是，當建築物配置在填土較少的位置時，也可以藉由提高基礎的剛性來因應。

②在水田、或濕地上進行填土的開發地

填埋年數未達三十年的填土地仍會有持續沉陷的疑慮。這樣的地盤很容易造成接入建築物的配管破損，或是當上方興建的建築物有重量偏移情形時，就會非常容易發生不均勻沉陷。

應對的措施可以從幾個方向來思考，例如提高基礎的剛性、進行表層改良、或設置樁來強化等，都是可行的做法。

③有擋土牆的開發地

在靠近擋土牆的上方興建建築物時，會出現推擠擋土牆的作用力。

補強擋土牆是巨大的工程，因此要在建築物載重不對擋土牆造成影響的範圍內設置基礎，是因應這種災害的最佳對策。

④沖積層很深

例如東京下町的地盤狀況，其沖積層的軟弱層連續堆疊30公尺以上，這種地盤會使地震搖晃度增加，特別是剛性較低的木造住宅，很容易引起災害。

基本的解決方法雖與②相同，不過樁要深入到能堅固支撐的地盤是有困難的，因此改使用以竹節式摩擦樁的做法是常見的方式。

⑤液化現象

地盤一旦發生液化現象，土壤中的水會噴出而導致地盤下沉，造成建築物有大幅傾倒的疑慮。

但是要防止液狀現象的發生相當困難，在住宅這類小規模的建築物中，會採取使災害程度降低這種相對較小規模的對策[2]。

譯注：
2.這種思考的模式是使受災程度降低而非使災害完全不會發生。普遍來說，木造住宅的規模是相對較小的建築類型，考慮資源運用的效率，一般不會大動作地採取預防措施，僅以降低災害程度的角度來進行預防工作。

➤ 圖　需加以注意的地盤

①挖土與填土混合存在的地盤

預測現象
・填土部分下沉量大，容易出現不均勻沉陷。
・填土部分與挖土部分的地盤擺動狀態不同（填土部分的擺動幅度較大）。
・因為雨水的浸透，填土層容易滑動。

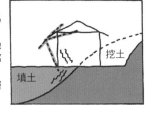

對策
・對填土部分進行地盤改良。
・在填土部分打樁。
・增加基礎、地樑的剛性來防止不均勻沉陷。

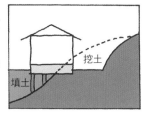

②因在水田、或溼地上填土造成持續下沉的地盤

預測現象
・壓實下沉量增加。
・出現配管破損的可能性。
・建築物的下沉量有所偏移時，容易引起不均勻沉陷。

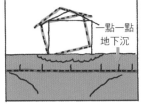

對策
・提高基礎、地樑的剛性。
・利用樁、或柱狀改良，以良好的地盤來支撐。
・軟弱地盤厚度較薄時，可進行表層改良。

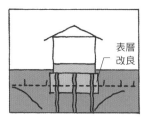

③不安定的擋土牆

預測現象
・因為地震、或雨水的緣故使擋土牆出現水平移動時，建築物就會傾倒。
・因地震、或雨水浸透使擋土牆崩塌的話，很可能會使建築物出現巨大的損傷。

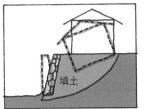

對策
・進行樁、或柱狀改良，提高基礎與地樑的剛性，藉此防止不均勻沉陷。
・進行擋土牆的補強（利用地錨等）、或新設擋土牆。

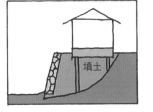

④沖積層很深的地盤

預測現象
・壓實下沉量增大。
・有配管破損的疑慮。
・地盤擺動的固有週期很長，週期拉長會引發共振現象，造成建築物損傷。

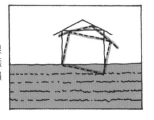

對策
・提高基礎、地樑的剛性，防止不均勻沉陷。利用摩擦樁（竹節式摩擦樁）等來支撐。
・增加壁體量來提高建築物的強度與剛性，藉由縮短固有週期、以及提升耐力來對應共振現象。

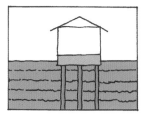

⑤有土壤液化疑慮的地盤

預測現象
・在地下水位高、且鬆軟的砂質地盤中，地震發生時會使水壓增加造成砂粒相互結合而降低了摩擦力，最終導致砂層液狀化，建築物因而傾斜、倒塌、或下沉。

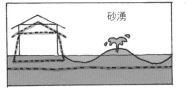
砂湧

對策
・提高基礎、地樑的剛性，防止不均勻沉陷。
・採用樁基礎、或縮小地樑包圍的面積，以提高基礎的剛性。
・進行表層改良、或柱狀改良等方法來改良地盤。

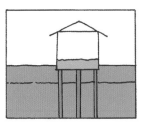

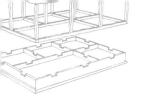

093 地盤③
設有擋土牆的開發地

> **POINT**
> ➤ 擋土牆有垂直載重與水平載重的作用。建築物靠近擋土牆興建時，基礎要設置在「影響線」以下

施加於擋土牆的力

在擋土牆上作用的力有土壓與載重（土壤上承載建築物等的載重）。這些重量包括了垂直與水平兩個方向的作用力，而擋土牆高度愈高，這些做用力就會愈大。特別是水平力可能將擋土牆推倒，因此必須擴大基礎底板使包含土壤在內的垂直載重[3]增加，同時將埋入部加深，藉此來抵抗水平力的作用（圖1）。

在擋土牆的設計階段，不同的設計者所計算的建築物載重會出現很大的差異。例如，有人以兩層樓木造建築來計算建築物載重，也有人是以平屋頂建築來思考。更嚴格來說，有人甚至是完全不考慮地盤上的建築物載重來設計擋土牆。早期擋土牆的設計條件可以說是相當不明確的。

在未將建築物載重納入計算的情況下，一旦將比計入數值重的建築物貼近擋土牆配置，就會對擋土牆產生推擠的作用力，建築物因此有傾倒的危險。反

之，確實地思考施加在擋土牆上的載重後，將重量相對較輕的建築物靠近擋土牆來配置會是可行的方式。不過，當擋土牆背面的土壤是回填土、或填土時，如果沒有確實將擋土牆充分固定，會造成不均勻的沉陷，必須採取改良的對策。

現實面的對策

雖然也可以利用鋼筋混凝土、或地錨來補強擋土牆，不過就現實面而言，這種方式的成本很高，因此大多數採取的做法通常是不在建築物載重會影響擋土牆的範圍內設置基礎。

具體做法可以考慮①在「影響線」以下設置基礎（圖2）、②建築物的配置最好遠離擋土牆、③採取椿基礎（擋土牆有底板時，要注意椿不會打在底板上）等方式。

影響線的角度需要根據地盤種類來決定，回填土這類柔軟地盤的角度較小，以25度為基準，硬質岩盤則以60度為基準。

譯注：
3.垂直載重與水平載重都以擋土牆的根部為支點，會形成方向相反的力矩作用，因此納入土的重量可以形成更高的力矩來對抗水平載重所產生的力矩。

➤圖1 作用於擋土牆的力

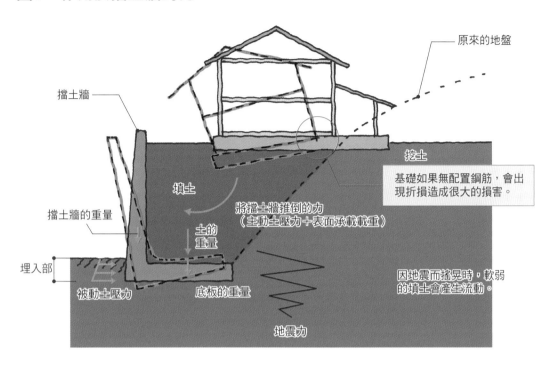

原來的地盤

擋土牆

挖土

基礎如果無配置鋼筋，會出現折損造成很大的損害。

填土

擋土牆的重量

將擋土牆推倒的力
（主動土壓力＋表面承載載重）

土的重量

埋入部

因地震而搖晃時，軟弱的填土會產生流動。

被動土壓力

底板的重量

地震力

➤圖2 在擋土牆附近進行建築的基礎計畫

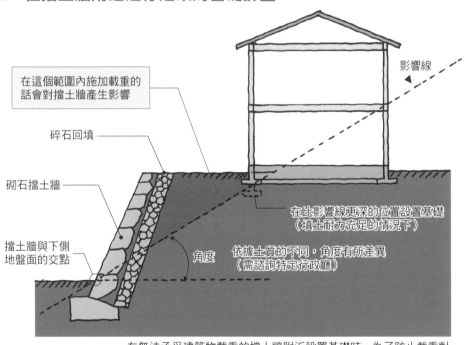

在這個範圍內施加載重的話會對擋土牆產生影響

影響線

碎石回填

砌石擋土牆

在比影響線更深的位置設置基礎
（填土耐力充足的情況下）

擋土牆與下側地盤面的交點

角度

依據土質的不同，角度有所差異
（需諮詢特定行政廳）

在無法承受建築物載重的擋土牆附近設置基礎時，為了防止載重對擋土牆的擠壓，基礎需以圖示的方式來施做。

力 • 木材 — 構架 • 接合 — 剪力牆 — 樓板組 • 屋架組 — 構架計畫

地盤 • 基礎

209

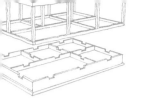

土壤液化現象

> **POINT**
> ➤ 土壤液化現象容易出現在地下水位高的鬆軟砂質地層
> ➤ 木造住宅的因應方法是採行埋入部較深的板式基礎

土壤液化發生的機制

地震引發的地盤液化現象，是離地表相對較淺的地下水位在鬆軟砂質地層被搖動後，使地盤出現液體狀流動化的現象。雖然平時地盤中的粒子是安定的，但因為粒子間的間隙很多，一旦發生震動，砂粒會像在水中游泳的狀態，最後比重較重的砂開始沈澱，而上層則剩下積水層（圖）。

引發液化現象的地震震度要達到五以上，且地盤條件呈現①地下水位淺（距離地表面10公尺以內）、②鬆軟砂層在地表20公尺以內堆積、③砂粒的粒徑集中在細砂、或中砂的大小，N值（參照第216頁）不滿20～30的情況，一般而言容易發生在靠近海岸的區域、河川、及沼澤的基地上。

受土壤液化所引發的災害

土壤液化引發的災害開始受到關注是在昭和39年（西元一九六四年）的新潟地震。地震中，RC造公寓的建築物本體毫無損傷，卻從基礎部分產生傾倒導致災害（見右頁照片）。

事實上，靠近海岸地區受到其他地震的影響後，也經常發生這種土壤液化的現象，都是地盤先出現崩壞，而建築物本體卻幾乎未有損傷。只是在新潟地震這樣嚴重的液化現象出現時，才意識到建築物可能因此傾倒的危機感。

在樓板底下以礎石直接做為基礎的木造住宅，一旦地盤出現土壤液化現象，礎石會下沉使樓板浮在半空中。因應這種情況，如果能改以板式基礎來施做的話，就能避免破壞的發生。另外，增加基礎外周部的埋入深度，或多或少能夠抑制建築物下方的砂土流動，這也是一個有效的做法。

雖然採行樁基礎也是一種可能做法，但是多數有土壤液化疑慮的地盤，通常樁到達支撐層的距離很深，導致打樁的成本很高，因此在木造中幾乎不會採行這種做法。同樣的道理，雖然還有許多像是將砂土固結、去除水分等因應土壤液化的對策，但這些對策需要大規模進行才會符合經濟效益，就單一住宅的規模而言，是很難採取這些因應措施的。

➤ 圖1　土壤液化的模式圖

①土壤液化發生前的狀態

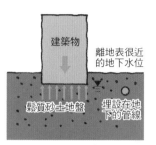

砂粒傳遞載重，呈現安定的狀態

②發生土壤液化時的狀態

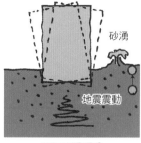

土中的間隙水壓急速增加，
導致砂粒呈現浮游狀態。

③土壤液化後的狀態

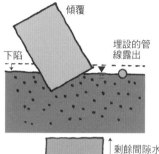

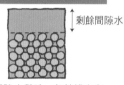

剩餘間隙水與砂一起被排出之
後，砂質土呈現比剪力反覆作
用之前更加密實的狀態。

地盤會不會出現土壤液化，可以藉由地盤調查來推斷。

➤ 照片　土壤液化現象的受災案例

整座傾倒、但上部構造毫無損傷的RC公寓
（1964年新潟地震，提供：朝日新聞社）

因土壤液化而露出的人孔
（2011年東北地區太平洋近海地震）

湧砂口
（2011年東北地區太平洋近海地震）

礎石下陷的木造住宅
（1983年日本海中部地震，提供：秋田市）

力・木材──構架・接合──剪力牆──樓板組・屋架組──構架計畫──**地盤・基礎**

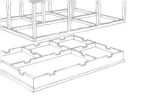

地盤調查的種類

木造住宅採用的地盤調查

在建造建築物之前，一定要針對基地進行地盤調查。

確認地盤與樁的容許支撐力時，調查方法如表1所示。其中，木造住宅所採用以標準貫入試驗（鑽探法調查）、瑞典式探測試驗（SWS試驗）、表面波探測法、平板載重試驗這四種代表性的試驗方法（表2）。

①標準貫入試驗

這種試驗與構造種類無關，是日本國內最常採行的調查方法，這是在鑽探孔內進行探測的一種試驗方式。利用夯錘將探桿打入土壤時，以觀察每打入30公分所需要的錘擊次數來測試地盤的鬆緊度。由於可以同時採集地盤中的土壤，所以也能確認土質的構成與地下水位的情況。

②SWS試驗

這是利用載有探桿的試驗機具來測定地盤鬆緊度的方法。這種試驗可以調查的深度約5～10公尺。雖然無法得知詳細的土質構成，不過具有可在基地內多處探查的優點。但是，因為調查結果很容易出現

誤差，比較不適用於重的構造物，而是適合用在重量輕的木構造基地上。

③表面波探測法

屬於物理探查法的一種。以震動器在地盤上施以人為的震動之後，藉由震動的傳遞方式來測定地盤鬆緊度的方法。雖然無法得知土質狀況，不過可以測得基地中是否有其他埋設物。採用這種方式進行調查的同時，測量公司會給予基本設計上的建議，也有詳細資料可以確保對地盤狀態的掌握，因此採用此法的設計者很多。

④平板載重試驗

進行挖掘至設置基礎的深度之後，利用施加載重在載重板上來測定下沉量，藉此判定地盤的支撐力。由於只能判定載重板以下數公尺深的情況，因此如果是地層中較深的部分有軟弱層存在的地盤、或是傾斜的地盤，都不適用這種試驗方法。因此，會在需要獲得基地附近的貫入試驗數值，藉以掌握地層構成的前提下，才會採用平板載重試驗來進行地盤調查。

▶ 表1　地盤調查的方法

（日本平成13年國土交通省告示第1113號第1條）

①鑽探調查　　　　：旋轉鑽探法、手動螺旋鑽探法
②標準貫入試驗
③靜態貫入試驗　　：瑞典式探測試驗※、圓錐貫入儀、荷蘭式雙管貫入試驗
④十字板剪切試驗
⑤土質試驗　　　　：物理試驗、力學試驗
⑥物體探測　　　　：PS檢層、常時微動測定、表面波探測法
⑦平板載重試驗
⑧載重試驗
⑨打樁試驗
⑩拉拔試驗

※探測做是將抵抗體插入原位置，再從貫入、旋轉、拉拔等的抵抗能力來調查土質的手法。

▶ 表2　適用於小規模建築物的主要地盤調查方法

名　稱	標準貫入試驗	瑞典式探測試驗	表面波探測法	平板載種試驗
調查方法	使用夯錘將試驗桿打入地盤，測定每打入30公分所需的貫入次數。	將載有夯錘的試驗桿以旋轉方式貫入，測定貫入25公分的深度所需要的半回轉數。	以震動器來震動地盤，測定其傳播速度。	在地表面施以載重，測定下沉量與反力（壓縮應力度）的變化。
測定次數	1次	3～5次	4～5次	1次
調查深度	60公尺上下	10公尺上下	10公尺上下	0.6公尺上下（載重板直徑30公分）
取得資料	‧N質 ‧土質	‧載重Wsw ‧半回轉數Nsw	──────	‧載重ΔP ‧下沉量ΔS
成果利用	‧支撐力。 ‧內部摩擦角。 ‧土壤黏著力（土壤液化的可能性）。	‧單軸壓縮強度（黏性土）。 ‧標準貫入試驗的N值。 ‧支撐力（下沉量）。	‧支撐力。	‧地盤反力係數 Kv＝ΔP／ΔS ‧容許支撐力
優　點	‧測定深度的範圍廣。 ‧可以採取土壤，確認土質。 ‧可確認地下水位。 ‧可貫入硬質地層。	‧試驗裝置與試驗方法簡單。 ‧可在基地內進行多處地點的測定（可以掌握軟弱層的平面、及斷面分布）。	‧可得知是否有障礙物。 ‧可得知平面分布狀況。	‧可直接判定地盤的支撐力。
缺　點	‧無法針對軟弱地層精細地評判。 ‧因為測定次數少，無法掌握平面的分布狀況。 ‧會產生打擊的噪音。 ‧成本較高。	‧難以掌握土質與水位。硬質地盤無法測定。 ‧會受到周圍面摩擦的影響。	‧若非專業者無法進行判斷。 ‧無法測定土質與水位。	‧難以進行深度方向的調查。 ‧影響範圍為載重板寬度的1.5～2倍左右，比規模大的建築對地盤產生的影響範圍小。 ‧無法測定土質與水位。

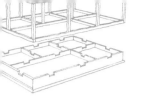

標準貫入試驗

> **POINT**
> ➤ 能進行Ｎ值、土質與地層構成、及地下水位調查，以做為計算地盤與樁支撐力的基本資料。

調查方法

地盤調查方法中最具代表性的標準貫入試驗，是在鑽探孔內進行探測的一種方式，也稱為鑽探調查。

在基地內組立鑽塔，並在探測桿的前端安裝專用的採樣器（採取試體的器具）。將63.5公斤的夯錘從75公分高的地方自由落下，測定探測桿每打入地盤30公分所需要的錘擊次數。這個數值就稱為Ｎ值，是計算地耐力與樁支撐力的基礎數據。除此之外，還可以從採樣器取得試體，除了可以得知地層構成與地下水位的高度之外，還可以調查土質的強度與黏著力、內部摩擦角等，是能夠獲知地層各種強度特性的土質試驗。

不過因為費用偏高，一般在一宗基地內只會選取一個位置進行調查，因此無法掌握土質在平面上的分布情形。

閱讀數據的方法

標準貫入試驗的調查結果以圖2的鑽探柱狀圖表示。其中，「標尺」是以1公尺為單位，標示從地面算起的距離。標高、深度、層厚度等則是記錄土質的變化情形。土質的標示除了名稱與記號之外，也會記錄土壤顏色與軟硬度、粒徑大小的資訊。地下水位與試驗用的試體採取層也會在折線圖中標示出來。

在表的右側，Ｎ值以數值與折線圖兩種形式來表示。折線若愈靠近左側代表Ｎ值愈小，屬於軟質地層，愈靠近右側的話，表示是較硬的地層。

但是在黏性土層的情況下，即使地耐力足夠，測定的Ｎ值也會偏低。雖然試驗是機動、局部性的，而且在黏土地盤上很輕易就能貫入，最後得出偏低的Ｎ值，但實際上，建築物的重量施加於地面時，地面是以面狀擴散的方式承載著重量，因此建築物並不會那麼容易沉陷。例如Ｎ值同樣為5，如果基地屬於壤土層，其地耐力可達100 kN/m^2 左右，若是砂質土基地的話，地耐力卻只有50 kN/m^2 左右。

➤**圖1　標準貫入試驗的裝置**

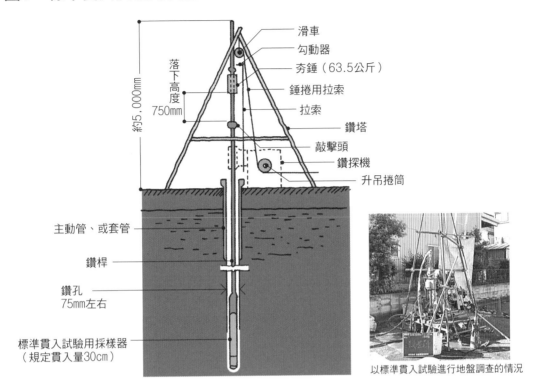

滑車
勾動器
夯錘（63.5公斤）
錘捲用拉索
拉索
鑽塔
敲擊頭
鑽探機
升吊捲筒

落下高度 750mm
約5,000mm

主動管、或套管
鑽桿
鑽孔 75mm左右
標準貫入試驗用採樣器
（規定貫入量30cm）

以標準貫入試驗進行地盤調查的情況

➤**圖2　標準貫入試驗的數據案例**

標尺 (m)	標高 (m)	深度 (m)	孔內水位 (m)	層厚度 (m)	試體採樣位置 (m)	土質記號	色調	土質名稱	備註	相對密度、以及黏稠度	標　準　貫　入　試　驗										
											貫入深度 (m)	N值	每10cm的打擊次數								
													10	20	30	10	20	30	40	50	
0	-0.020	0.00		0.80			暗褐色	填埋土	（壤土土質）	一											
1	-0.820	0.80									1.15										
											1.45	6.0	1	2	3						
2										軟 ～ 中等	2.15										
				5.00			茶褐色	壤土	下部包含若干黏土		2.45	5.0	1	2	2						
3											3.15										
											3.50	3.4	1/11	1	2/14						
4											4.15										
											4.48	3.6	1/9	1/9	2/15						
5											5.15										
											5.45	4.0	1/9	1/8	2/13						
6	-5.820	5.80		0.80			灰茶褐色	黏土	黏著力強	非常軟	6.15										
											6.45	1.0	1/30								
7	-6.620	6.60		1.10			乳褐色	黏土	黏著力強	非常軟	7.15										
											7.58	1.4	1/23	1/20							
8	-7.720	7.70									8.15										
											8.50	3.4	1/12	1/11	2/12						
9				3.50			乳色	黏土	下部混入少量細砂	軟 ～ 中等	9.15										
											9.45	6.0	2	2	2						
10											10.15										
											10.45	6.0	2	2	2						
11	-11.220	11.20		0.55			暗青灰色	細砂		中等	11.15										
	-11.770	11.75									11.45	15.0	4	5	6						
12				1.70			青綠色	砂礫	礫石石徑 2～50mm	緊實 ～ 非常緊實	12.15										
											12.45	54.0	16	18	20						
13											13.15										
	-13.470	13.45									13.45	49.0	11	15	23						
14																					
15																					

瑞典式探測試驗

> **POINT**
> ➤ 半圈回轉數（Nsw）與地耐力、自沉層厚度、下沉量
> 有關。自沉層需注意位置、厚度與載重

調查方法

瑞典式探測試驗（SWS試驗）是將載有1kN夯錘的試驗機以試驗桿旋轉的方式深入地層來測定地盤鬆緊度的做法（圖1）。試驗桿上每25公分刻劃一個刻度，測定在地層中每貫入一個刻度所需要的半圈回轉數（半圈回轉是指測定桿旋轉180度的意思）。

夯錘是由三枚250N、兩枚100N的夯錘本身、再加上50N承載夯錘的機具（承載夾鉗）所組成，總計1kN。如果機具裝載全部夯錘之後沒有沉陷的話，就可以開始旋轉進行測定。如果光只是加載夯錘就出現下沉（稱為自沉），那麼就必須等到機具停止下沉之後再開始測量。

這種方法是只要加以練習，非專業者也能進行簡便試驗，不過無法得知土質構成與地下水位的狀況。如果試驗目的只是用來計算地盤的支撐力，粗略的土質判定可以利用附著在測定桿前端的土、以及轉動時傳到手上的觸感來判定為黏性土、或砂質土。

解讀試驗數據的方法

地耐力以①地盤的支撐力、②下沉量兩點為決定要素（圖2）。

①地盤支撐力的計算

從SWS試驗結果得出的支撐力計算式，會因土質的不同而有許多不同的計算方法。但無論是何種計算式，都必須以推進一公尺的半圈回轉數（Nsw）來求得地耐力，因此測得相當於推進25公分的半圈回轉數後，就能換算出推動一公尺的半圈迴轉數值。

②下沉量的推定

地盤下陷行為又分為施加載重就馬上出現的「即時下陷」、以及經過長時間作用使黏性土中水分被壓出而產生的「壓密下陷」兩種。下沉量的推定非常困難，從某些計算式可以大概看出，基礎底面2公尺的範圍內如果有自沉層的話，下沉量會增大。但如果自沉層是在2公尺以下更深的位置時，則下沉量會減少。這是因為自沉層上部承載的土層可以接受地盤擠壓而減少下沉量的緣故。

▶圖1　瑞典式探測試驗的裝置

為了進行貫入，在測定桿前端安裝螺旋鑽頭。

調查的深度約在5～10公尺左右。

以瑞典式探測試驗進行地盤調查的情形。

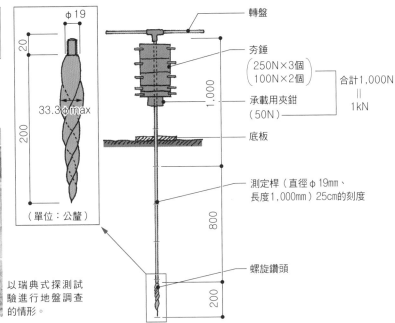

φ19

33.3φmax

（單位：公釐）

轉盤

夯錘
（250N×3個
100N×2個） 合計1,000N ＝ 1kN

承載用夾鉗（50N）

底板

測定桿（直徑φ19mm、長度1,000mm）25cm的刻度

螺旋鑽頭

▶圖2　瑞典式探測試驗的數據案例

載重 Wsw (kN)	半圈回轉數 Na	貫入深度D (m)	貫入量 L (cm)	一公尺的半圈回轉數 Nsw	換算 N值	備註 音感·觸感	備註 貫入情形	備註 土質名稱	推測柱狀圖	載重 Wsw (kN)	相當於1公尺的半圈回轉數 Nsw
1.00	2	0.25	25	8	3.4			黏質土			
1.00	1	0.50	25	4	3.2			黏質土			
0.75	0	0.75	25	0	2.3		漸進感	黏質土			
1.00	0	1.00	25	0	3.0		漸進感	黏質土			
1.00	0	1.25	25	0	3.0		漸進感	黏質土			
1.00	2	1.50	25	8	3.4			黏質土			
1.00	2	1.75	25	8	3.4			黏質土			
1.00	1	2.00	25	4	3.2			黏質土			
1.00	2	2.25	25	8	3.4			黏質土			
1.00	0	2.50	25	0	3.0		漸進感	黏質土			
1.00	0	2.75	25	0	3.0		漸進感	黏質土			
1.00	1	3.00	25	4	3.2	細碎感		黏質土			
1.00	8	3.25	25	32	4.6	細碎感		黏質土			
1.00	4	3.50	25	16	3.8	細碎感		黏質土			
1.00	0	3.75	25	0	3.0		漸進感	黏質土			
1.00	1	4.00	25	4	3.2			黏質土			
1.00	2	4.25	25	8	3.4			黏質土			
1.00	2	4.50	25	8	3.4			黏質土			
1.00	0	4.75	25	0	3.0		漸進感	黏質土			
1.00	0	5.00	25	0	3.0		漸進感	黏質土			
1.00	36	5.25	25	144	11.6	細碎感		礫質土			
1.00	60	5.50	25	240	15<	細碎感	敲擊感	礫質土			

日本在平成13年（2001年）國交告1113號第2（3）條中載明，當地盤被認定有自沉層的時候，會要求檢討下沉量。

力 · 木材 ── 構架 · 接合 ── 剪力牆 ── 樓板組 · 屋架組 ── 構架計畫 ── 地盤 · 基礎

根據地盤狀態選擇基礎的形式

POINT

➤ 基礎形式的選擇要根據地耐力、有無軟弱層與軟弱層厚度、平面的變化、施工性、成本等因素進行綜合判斷

頒行的公告是一切規定的基礎

在公告第1374號中，根據地耐力的不同而規定選用的基礎形式[4]（表）。

雖然地耐力在30kN/m²以上時，無論是連續基礎、板式基礎、或樁基礎都可行，但是當地耐力不足20kN/m²的時候，則需以樁基礎來施做。地耐力數值在兩者之間時，則以板式基礎、或樁基礎來設計。不過這個規定是相當粗略的最低標準，因此在實務面上必須根據個案的條件，將地層組構與施工性等因素加入考慮後，再進行綜合性的判斷。

決定基礎形式的程序

右側的流程圖是根據從SWS試驗結果得知的地層結構、以及有無表層改良來決定基礎形式的範例。

首先要判定地層的結構在平面上是否均質分布，如果屬於均質的地盤，在考慮地耐力與軟弱層厚度之後，就可以決定基礎形式。

例如，地耐力在50kN/m²以上的地盤連續存在5公尺以上時，即可判定此地層對於木造住宅的載重有十分充足的承載耐力。因為下沉的疑慮幾乎不存在，因此可以採用僅在外周部位設置基礎樑的板式基礎。不過，基礎樑所圍塑的面積必須控制在60平方公尺以下（基礎形式1）。

地耐力在30kN/m²左右的條件下，雖然支撐力足夠，但就地質上來說是屬於有些軟弱的地盤，有下陷的可能性。此時可將基礎樑以格子狀來設計，藉此提高基礎的剛性（基礎形式2）。因此，即使出現下沉現象也不會以不均勻的方式沉陷，而能以均勻沉陷的狀態進行。

地盤中有自沉層的時候，如果厚度在1公尺以下，可以採用表層改良的方式來因應。如果自沉層在基礎以下深度超過2公尺、而且進行地質調查時1kN夯錘是慢慢下沉時，則可以考慮不做地盤改良而改以基礎形式2來替代。若是不均質地盤中的軟弱層厚度很厚的話，則採用格子狀基礎樑的樁基礎（基礎形式3）來施做。

除了上述要點之外，基礎樑圍塑起的面積須控制在20平方公尺以下。

譯注：

4.台灣在建築物的基礎構造方面，以「建築物基礎構造設計規範」來規範，基礎形式分為淺基礎與深基礎等兩種基本形式。淺基礎是利用基礎板將建築物各種載重直接傳布於有限深度之地層上，如獨立、聯合、連續的基腳與筏式基礎等。深基礎則是利用基礎構造將建築物各種載重間接傳遞至較深地層中，如樁基礎、沉箱基礎、壁樁與壁式基礎等。

➤ 表　基礎的形式

（日本平12建告1347號）

長期容許支撐力	椿基礎	板式基礎	獨立基礎
f＜20kN/m²	○	×	×
20kN／m²≦f＜30kN/m²	○	○	×
30kN/m²≦f	○	○	○

➤ 圖　決定木造住宅基礎形式的流程圖

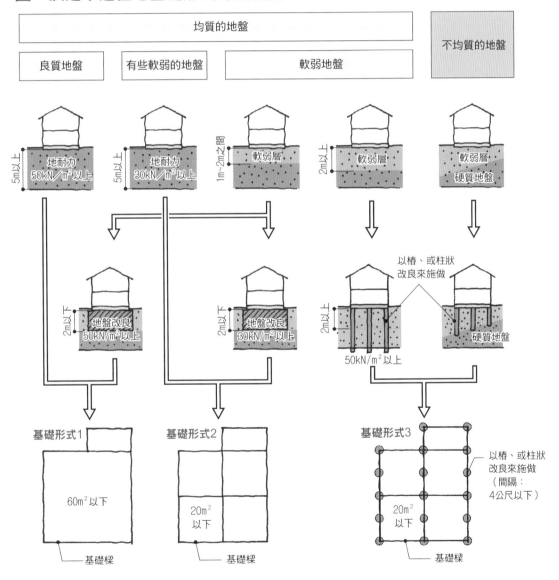

表層改良與柱狀改良

地盤改良

將基地的土與固化材加以拌合，藉此提高地耐力的工法稱為地盤改良。包括了改良範圍從地表算起約2公尺內的「表層改良」、以及製作樁狀改良體的「柱狀改良」兩種方式。

雖然固化材以水泥類的材料居多，但是如果基地屬於有機土質、或是腐質土的話，固化材會有不容易凝固的疑慮，而必須使用其他適合這些特殊土質的固化材。因此，要事前採取土質，經由室內土質試驗，來決定固化材的種類與混合量。

雖然施工後要確認強度的最好方式是採取鑽心試體來進行抗壓試驗，不過因為需要試驗費用，而且試驗時間較長。在小規模的住宅中，從施工者的經驗來推估安全率，決定固化材添加量的增加比例，這樣的做法是比較務實的。此外，進行改良工程後的養護時間最少要三天以上。

表層改良

表層改良是在基地上灑上水泥類的固化材後，以鏟斗將固化材與土一起混合的工法（圖1）。一般來說，會以一袋固化材能使用的範圍進行基地分區，以攪拌工具均勻拌合之後，再以重型機械來回壓行（輾壓）使土層堅實。

可進行改良的深度是鏟斗可即之處至地表下約2公尺的範圍。平面上的改良範圍則是建築物外周開始到深度上容許充分改良的地方為止。改良後的地耐力以達到50kN/m^{2}以上為目標。

柱狀改良

所謂的柱狀改良是從地面往地層下進行筒形挖掘，挖掘的同時將液狀固化材（泥漿）灌入並與土壤攪拌使之凝結的一種工法（圖2）。改良體的直徑多在600公釐左右。

改良體的配置有兩種做法，一種是將樁狀物配置在地樑下方，另一種是與地樑分開，而以約2公尺的間隔均等配置來提高地盤整體密度。後者因為數量增加導致成本提高，一般來說採用前者的配置方式較多。

➤圖1　表層改良（淺層改良工法）

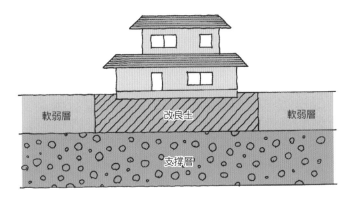

軟弱層　　改良土　　軟弱層

支撐層

施工順序

①將土挖出
以挖土機鏟至基礎底
板深度，將挖出的土
暫時存放一旁。

②灑布固化材
在欲進行改良的地盤上
加入必需量的固化材。

③混合攪拌
將原地盤的土壤與固化
材確實攪拌混合

④固化·輾壓
對混合攪拌完成的改良
土進行壓實（輾壓）。

➤圖2　柱狀改良（深層改良、攪拌水泥穩定土柱工法）

施工順序　一支改良體的支撐力以前端地盤的支撐力、及
椿周圍產生的摩擦力來計算，固化材的添加量
要能達到改良體的支撐力以上。

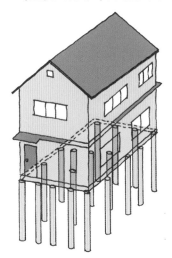

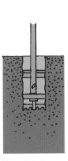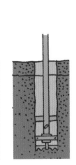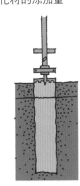

①在選定的
位置上設
置攪拌裝
置。

②一邊注入
固化材
（泥漿）
一邊挖
掘，藉此
進行混合
攪拌。

③挖掘並混
合攪拌至
設定的深
度後，停
止注入固
化材，繼
續定點攪
拌。

④將攪拌裝
置拉出
後，工作
完成。

柱狀改良後
的基地狀況

力 · 木材　構架 · 接合　剪力牆　樓板組 · 屋架組　構架計畫　**地盤 · 基礎**

鋼管樁與摩擦樁（竹節式摩擦樁）

POINT

➤ 打樁工法除了需要對地盤性質與成本進行考量之外，還必須因應基地狀況來選擇施工機具的規模與運輸方式

一般在木造住宅中採用的樁基礎包括了鋼管樁、及摩擦樁（竹節式摩擦樁），必須根據樁的形狀與施工方法，才能決定支撐力的計算方式。

鋼管樁

鋼管樁的種類非常豐富，住宅採用的形式多以100～150公釐左右的細管徑為主，其長度以7公尺居多。因為木造建築的重量較輕，所以採用的樁實際上也是一種地盤改良的做法。樁的鋼管管壁厚度也以4.5公釐的薄管壁為主。但是，當基地屬於有機土質、或酸性土質時，就必須考慮提高鋼管的管壁厚度。除此之外，有土壤液化疑慮的軟弱土層，會提高樁體產生挫屈與受水平力而彎折的危險，因此必須考慮改用其他工法，或者提高鋼管管壁的厚度來因應。

樁的形狀包括「直管型」、前端附有翼板以提高支撐力的「底部擴張型」、中間部分也有翼板來提高摩擦力的「多翼型」等數種形式（圖1）。

就施工方法來說，包括將樁直接打入地盤的敲擊工法、先進行削掘之後再將樁埋入的預鑽工法、以及一邊鑽削一邊埋設的旋轉壓入工法三種。目前以出土量少、噪音小、且在狹小基地上也能進行的旋轉壓入工法為主流（圖2）。雖然使用敲擊工法具有較高的樁支撐力，但是因為噪音問題，近來幾乎已經停止使用。

摩擦樁（竹節式摩擦樁）

竹節式摩擦樁是在軟弱層連續達到20公尺以上的基地所採用的工法，為了增加樁體周邊的摩擦力而採用有凹凸狀突起的樁。樁體大多是RC製，細徑部分在300～500公釐之間，竹節間隔約1公尺，總長度約4～8公尺。施工上會以預鑽工法的方式來進行，為了增加周圍摩擦力、且防止掘削孔壁的崩塌，在施做時會併用水泥乳漿之類的安定液（圖3）。

➤圖1　鋼管樁的主要形狀（住宅用）

①直管
以樁前端的掘削齒旋轉壓入。

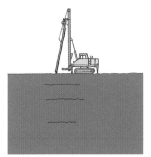

②底部擴張型
在樁的前端加上切削齒、或螺旋狀的翼板。

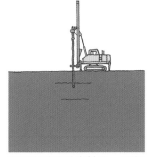

軟弱層
支撐層

③多翼型
在底部擴張型的樁體中間安裝螺旋狀的中央翼板，提高中間層的周邊摩擦力來確保支撐力。

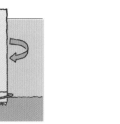

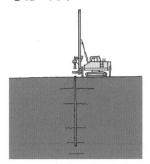

中間層

➤圖2　鋼管樁的施工順序（旋轉壓入工法）

①吊起樁材對準位置

配合樁心位置架設樁體。

②旋轉埋入樁材

確認樁材的垂直性後，以旋轉樁體的方式埋設。

③施工完畢

觀測施工數據，確認樁的前端部位到達支撐層、且樁體全部埋入後就大功告成。

➤圖3　竹節式摩擦樁的施工順序

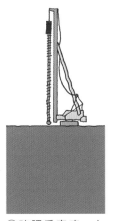
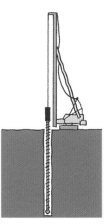
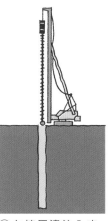
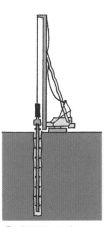

①確認垂直度，在設定位置架設螺旋鑽。

②掘削到設定深度之後，以螺旋鑽上下來回掘削。

③在樁周邊注入安定液，防止孔壁的崩塌，再將螺旋鑽拔出。

④讓樁自行沈入、或以驅動機施以旋轉力的方式將樁定位。

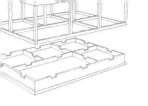

地基的做法

何謂地基

　　將地盤表面固化以防止建築物下沉所進行的工作稱為地基作業，特別是在鬆軟的沙質地盤與水分過多的黏性地盤上，這個工作更是重要。

　　過去會將岩石打碎成小塊石材（碎石）後，再將這些碎石的材料進行排列，使地面變得堅固。這種做法稱為「碎石地基」，以徒手豎立好石材後（以楔形交互舖設）再於縫隙和上方填入砂礫，最後夯實砂礫使表面平整達到固化的狀態（圖1①）。

　　但是，現在的工地現場大多是使用礫石來施工，也就是「礫石地基」。礫石是將岩石、或巨大的卵石壓碎後形成的砂礫。近年來也開始將拆除現場所產出的混凝土塊加以碎化，或者使用去除雜質後的再生碎石，這些都是目前常見的地基材料。礫石在舖設時很容易產生空隙，因此必須確實地進行夯實作業（圖1②）。

　　除此之外，在進行基地的開挖之前，必須在外周部位挖掘溝渠並設置集水坑等排水通道，這是為了防止樓板支撐面受到雨水影響而被破壞的預防措施（圖2）。

防水的必要性

　　通常基礎的邊墩部分是以混凝土分段澆置起來的，如果澆置成的面比地表高的話，並不需特別進行防水處理。但是如果澆置面比地表低的話，為了使建築物內部不會受到水的侵入，因此必須進行相當程度的防水處理（圖3）。

　　主要的防水工法包括外防水工法、內防水工法、以及止水板防水工法。另外，還有放棄分段澆置而採用混凝土一體澆置的工法，不過因為這種工法在邊墩部分內側的模板固定有較高的困難度，因此在施工管理上必須注意的要點很多。除了上述做法之外，還可以從地表面到混凝土分段澆置面以下都以砂礫來舖填，利用水容易從此處浸透的方式來使建築物遠離水的影響。

　　此外，由於地盤面下方容易聚積溼氣，因此必須注意基礎部分是否能充分換氣。

➤圖1 碎石地基與礫石地基

碎石地基

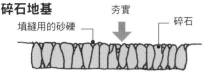

填縫用的砂礫　夯實　碎石

礫石地基

礫石包含自然礫石、再生碎石，就構造上來說兩者都可以使用。

礫石

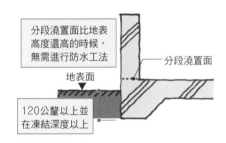

礫石鋪設工作完成後，再以混凝土澆置，做為基礎與模板的放樣、以及承載模板與鋼筋綁紮的基座。進行表層改良時，為了在改良工作進行的同時也能著手整地作業，多會採取直接以無鋼筋混凝土澆置的做法。

礫石鋪設完成後，以搗搗機具確實夯實。

➤圖2 集水坑的排水

平面

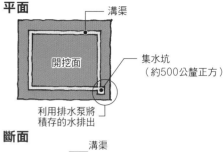

溝渠

開挖面

集水坑
（約500公釐正方）

利用排水泵將積存的水排出

斷面

▼地表面

溝渠
（約200～300公釐）

開挖面

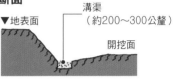

➤圖3 分段澆置面與防水工法

①分段澆置面比地表高

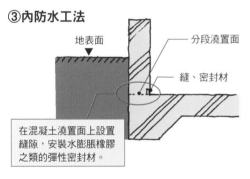

分段澆置面比地表高度還高的時候，無需進行防水工法

分段澆置面

地表面

120公釐以上並在凍結深度以上

②外防水工法

地表面

防水板

分段澆置面

突出部分澆置完成後，可以從外部將止水板以水泥砂漿貼附在澆置面上，或者進行防水層塗布。

③內防水工法

地表面

分段澆置面

縫、密封材

在混凝土澆置面上設置縫隙，安裝水膨脹橡膠之類的彈性密封材。

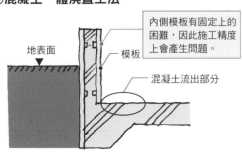

④止水板防水工法

地表面

分段澆置面

止水板

在澆置面中央設置橡膠製成板來防止水的侵入。但若是澆置面、或止水板施工不良，可能會導致鋼筋銹蝕的情況發生。

⑤混凝土一體澆置工法

內側模板有固定上的困難，因此施工精度上會產生問題。

地表面

模板

混凝土流出部分

⑥建築物外周鋪設礫石工法

地表面

砂礫

分段澆置面

混凝土層、或者黏性土

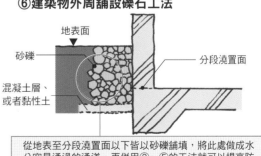

從地表至分段澆置面以下皆以砂礫舖填，將此處做成水分容易通過的通道。再併用②～⑤的工法就可以提高防水效果。

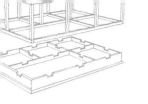

102　基礎的設計①
獨立基礎

> **POINT**
> ➤ 地耐力 >100 kN/m² 的均質地盤可以採用獨立基礎。在
> 主柱下方設置基礎並利用地樑來連繫

獨立基礎的設計

　　如果建築預定基地的地層結構組成均勻、而且屬於地耐力100 kN/m²以上的硬質地盤時，就可以採取僅在主柱下設置基礎底板的獨立基礎。

　　不過，在主要軸線（主要構造面，參照第176頁）上必須以地樑圍繞、使每一個基礎底板之間有所連結，建築物基礎才不會在地震發生時出現鬆動。

　　獨立基礎底板的設計要能達成以下的目標，柱傳遞下來的載重、基礎本身的重量、以及底板上承載的土重總和，除以底板面積所得到的數值（接地壓力）要比地耐力低。

　　基礎底板會受到地盤因應接地壓力而產生的反力作用。這個作用力是由下而上的作用，而底板自重與上方承載的土重則是向下作用的力，這兩者的差值就是底板的設計載重。底板的配筋會透過以柱為支撐點的懸臂樑計算出應力並決定配筋量。

　　而作用在底板上的載重是地反作用力扣除底板自重與承載的土重之後所得的差值，因為會是向上作用的力，所以彎曲應力圖會如圖①所示。用來抵抗這種彎曲應力的構材即是基礎裡以格子狀配置的鋼筋獨立基礎，通常會以柱為中心設置正方形底板，不過也有因為與鄰地臨界的因素，導致在底板端部承載柱的情況。此時，要特別注意因為偏心載重會使應力以一定比例增加。

地樑的設計

　　地樑扮演著把在獨立基礎以外的柱載重向基礎傳達的角色。因此，以獨立基礎做為支撐點的（連續）樑上會接受從上面傳來的載重作用，產生如圖②的彎曲應力。而抵抗這種彎曲應力的構材就是下層鋼筋、及上層鋼筋（參照第234頁）。

　　此外，與彎曲應力同時產生的剪力則是由地樑的縱向鋼筋來抵抗，因此必須在縱向鋼筋上設置將上層鋼筋與下層鋼筋繫結起來的彎鉤（參照第234頁）。

➤圖 獨立基礎的設計

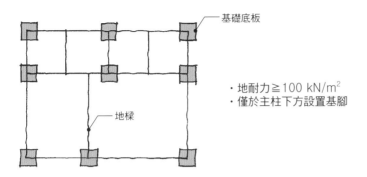

基礎底板

地樑

・地耐力≧100 kN/m²
・僅於主柱下方設置基腳

①基礎底板的設計

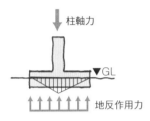

柱軸力

▼GL

地反作用力

以柱為支撐點的懸臂板設計，要能承受由下
而上的載重作用。

②地樑的設計

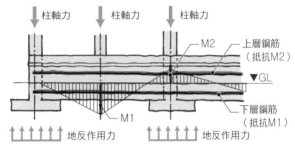

柱軸力　柱軸力　柱軸力

M2
上層鋼筋
（抵抗M2）

▼GL

M1
下層鋼筋
（抵抗M1）

地反作用力　地反作用力

地樑以基礎底板所在的點做為支撐點，設計上要能承受
從上方傳遞下來的載重。

③獨立基礎的配筋

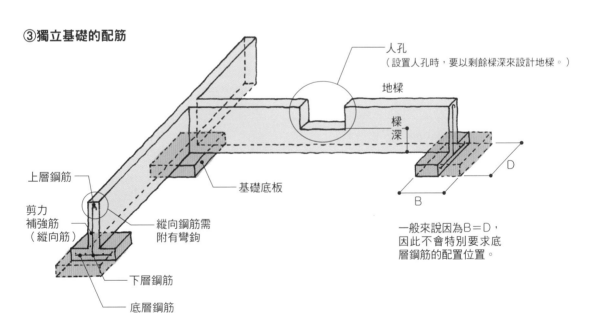

人孔
（設置人孔時，要以剩餘樑深來設計地樑。）

地樑

樑深

上層鋼筋

剪力
補強筋
（縱向筋）

縱向鋼筋需
附有彎鉤

基礎底板

下層鋼筋

底層鋼筋

D

B

一般來說因為B＝D，
因此不會特別要求底
層鋼筋的配置位置。

103 基礎的設計②
連續基礎

> **POINT**
> ➤ 如果地盤的地耐力 > 30 kN/m²，可以使用連續基礎的形式。在主要軸線下方以格子狀來設計，並且確保基礎的一體性

連續基礎的設計

連續基礎可以運用在地耐力超過30 kN/m² 以上、屬性相對良好的地盤上。基礎底板必須連續地設置在主要結構軸線底下。雖然因為底板與基礎邊墩部分被視為一體，而稱為連續基礎、或是基礎樑，但在進行設計時，基礎樑所包圍的面積需以低於20平方公尺的方式配置，但必須確保基礎的一體性。

建築物重量（包括基礎本身的重量、土的重量）除以底板面積所得的值（接地壓力）必須在地耐力以下，這是進行底板寬度設計的前提。嚴格來說，如果連續基礎所在的結構軸線上載重很重的話，就有必要增加底板的寬度。相反地，如果結構軸線上負擔載重較輕，也可以縮小底板的寬度。具體來說，連續基礎間隔較寬的南側與中央部位，因為負擔的載重較重，因此要將底板寬度加寬。

從連續基礎的斷面來看，構造上可以將底板（基礎底板）與邊墩部分（地樑）分開來看。雖然通常以倒T形的方式來設計，不過在與鄰地交界等因素影響下，也會出現L形的形式。

在決定基礎底板的配筋時，必須以地樑為支撐點成為懸臂樑的方式來思考應力。設計載重是地反作用力減去基礎底板自重與承載土重後的差值，由於是向上作用的力，所以彎曲應力圖如圖①所示。

地樑的設計

決定地樑的配筋時，需以一樓柱為支撐點的樑來求得應力。設計載重是地反作用力扣除基礎自重（包括基礎底板上所承載的土重）的差值。這是向上作用的力，彎曲應力圖如圖②所示（與獨立基礎呈反方向），這些應力由端部的下層筋與中央部的上層筋來抵抗。

剪力的部分則與獨立基礎的情況相同，以縱向鋼筋來抵抗，因此必須設置彎鉤來連結上層與下層的主筋。

➤圖 連續基礎的設計

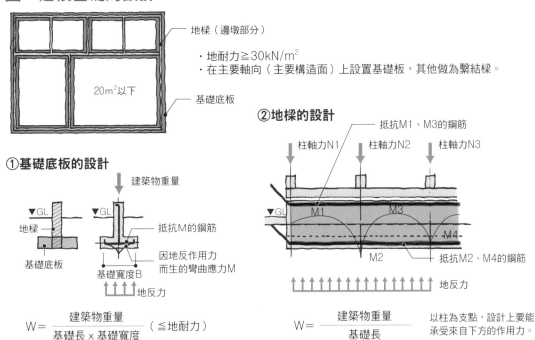

地梁（邊墩部分）

・地耐力≧30kN/m²
・在主要軸向（主要構造面）上設置基礎板，其他做為繫結梁。

20m²以下

基礎底板

①基礎底板的設計

建築物重量

▼GL　　▼GL

地梁

基礎底板

抵抗M的鋼筋

因地反作用力
而生的彎曲應力M

基礎寬度B

地反力

$$W = \frac{建築物重量}{基礎長 \times 基礎寬度} \quad (\leq 地耐力)$$

②地梁的設計

柱軸力N1　柱軸力N2　柱軸力N3

抵抗M1、M3的鋼筋

▼GL　　M1　　M3

M4

M2

抵抗M2、M4的鋼筋

地反力

$$W = \frac{建築物重量}{基礎長}$$

以柱為支點，設計上要能
承受來自下方的作用力。

③連續基礎的配筋

人孔
（設有人孔時，以剩餘的梁深來進行地梁的設計。）

地梁

梁深

基礎底板

上層鋼筋

剪力補強筋
（附彎鉤）

分配鋼筋（上側）

下層鋼筋

底層鋼筋（下側）

底板寬度

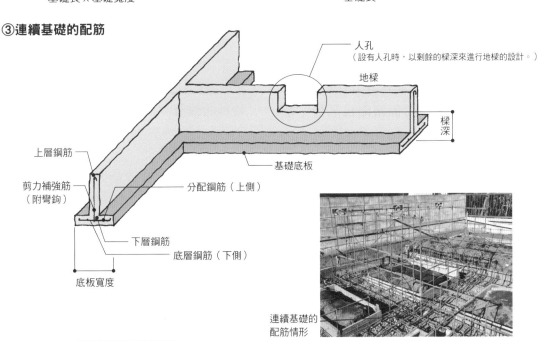

連續基礎的
配筋情形

連續基礎的底板寬度

（日本平成12年建告1347號）

長期容許地耐力（kN/m²）	平屋頂	二層樓建築	S造・木造以外
30≦f<50	30cm	45cm	60cm
50≦f<70	24cm	36cm	45cm
70≦f	18cm	24cm	30cm

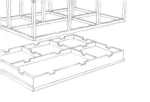

板式基礎

> **POINT**
>
> ➤ 以地樑所圍塑的面積來設計耐壓板。地耐力足夠、且均質的地盤也能以獨立基礎與連續基礎施做

板式基礎的設計

　　板式基礎是地耐力在20 kN/m² 的軟弱地盤中也可以採行的基礎形式。一樓樓板下方全面設置底板之後，在外周部位與主要的結構軸線下方以地樑連續配置。當基地有不均勻沉陷的疑慮時，可以控制地樑的圍塑面積在20平方公尺以下，藉此提高基礎的剛性來因應（參照第104頁）。

　　板式基礎的底板稱為「基礎板」、或「耐壓板」。耐壓板的載重是將建築物自重（包括基礎本身的重量）減去板重的差值來設計，屬於向上的作用力。

　　地樑所包圍的底板會在端部下側與中央部分的上側出現彎曲應力，其中出現最大應力的部分是短邊方向的端部下側，因此最好將短邊方向的鋼筋配置在下側，而長邊方向的鋼筋則在上側配置。

　　此外，在進行耐壓板的配筋與厚度設計時，要依據地樑所圍塑的面積個別檢討。除了載重之外，對設計產生影響的因素還包括板厚、短邊與長邊的長度，其中短邊長度的影響特別顯著。一般的木造住宅基礎多以板厚15公分與單層配筋（圖④）的方式來施做，此時短邊長度以4公尺為限。若超過4公尺的話，必須將板厚度提高至18公分，並且以雙層配筋（兩層的格子狀鋼筋）的做法來因應。

　　但是當地耐力是50 kN/m² 以上的均質地盤（第218頁的基礎形式1）時，即使地樑圍塑的面積擴大，仍然可採取一般的板厚與配筋方式。原因在於地盤的支撐力足夠，原本就能以獨立基礎、或連續基礎的方式來施做，做成板式基礎只不過是縮小底板所需的寬度而已。因此，在基礎的必要寬度範圍以外的部分，因為只需承擔一樓樓板的重量，通常也只會採取直接在地面澆置混凝土的做法。

　　此外，設計板式基礎的地樑時，要思考的要點與採用連續基礎時相同。

➤圖 板式基礎的設計

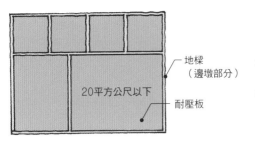

20平方公尺以下

地樑
（邊墩部分）

耐壓板

・地耐力≧20 kN/m²
・全面設置耐壓板

板式基礎比獨立基礎的接觸面積「大」

接地壓力＝建築物重量／基礎面積「小」

即使地耐力小也可以採行（基礎的垂直剛性由地樑來承擔）

①耐壓板的設計

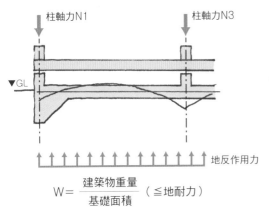

柱軸力N1　　柱軸力N3

▽GL

地反作用力

$$W = \frac{建築物重量}{基礎面積} （\leq 地耐力）$$

②地樑的設計

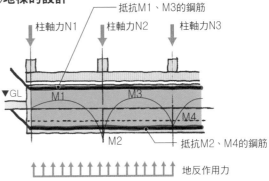

抵抗M1、M3的鋼筋

柱軸力N1　柱軸力N2　柱軸力N3

▽GL

M1　　M3

M4

M2

抵抗M2、M4的鋼筋

地反作用力

$$W = \frac{建築物重量}{基礎長度}$$

柱為支點，以能承受下方的載重來設計。

③板的應力

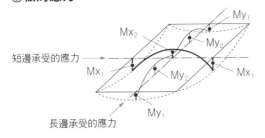

Mx₂

My₂

My₁

短邊承受的應力

Mx₁

My₂

Mx₁

My₁

長邊承受的應力

彎曲應力的大小是
$Mx_1 > Mx_2 > My_1 > My_2$
→短邊方向的下側出現最大應力，採取
　單層配筋時，短邊方向要以下層筋來施做。

④板式基礎的配筋

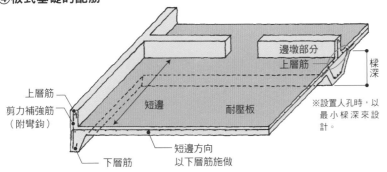

邊墩部分
上層筋

樑深

上層筋

剪力補強筋
（附彎鉤）

短邊

耐壓板

下層筋

短邊方向
以下層筋施做

※設置人孔時，以
最小樑深來設
計。

板式基礎的配筋情形

檢查口、換氣口的位置

> **POINT**
> ➤ 應盡量避免出現缺口以確保基礎樑的連續性。開口周邊須加補強筋以防止裂紋產生

開口要慎重配置

在基礎設置檢查口、或換氣口時必須在基礎樑上做切口，這做法會導致基礎耐力明顯下降，因此必須注意設置開口的方法。

①在剪力牆下方設置時

一般來說，可讓人員通過的檢查口，寬度多在60公分左右。因此，原則上會設置在柱間距離達1,800公釐以上的剪力牆中央。但如果柱間距離是900公釐、基礎樑的剩餘空間在150公釐以下時，因為會無法順利將剪力牆所負擔的剪力向基礎傳遞，所以在這個位置上就會變成無法設置檢查口（圖1①）。

②在開口部下方設置時

在基礎樑上會出現彎曲應力與剪力作用（參照第226～230頁），一旦設置檢查口而將基礎樑分割的話，就只能靠基礎底板來抵抗這些應力了。因此，檢查口要設置在彎曲應力較小的地方，或者配置在能設計成懸壁樑的範圍內（圖1②③）。

檢討設置的範圍時，如果柱間距離超過3,000公釐，原則上是不可以設置檢查口的。若無論如何都必須設置開口的話，則必須在耐壓板下方設置地樑，並使基礎樑連續（參照第230頁）。

就如木材有鑿口時很容易在鑿口處產生裂痕一樣，混凝土如果有開口的話也很容易從角落部分產生斜向裂紋。因此，開口周圍除了縱向與橫向鋼筋之外，還必須插入斜向的補強鋼筋，藉此防止裂紋的產生（參照第242頁）。

開口貫通樑的周邊補強

在穿過基礎樑的孔洞中通常埋設有給水管、排水管、電氣配管等，雖然穿孔的套管管徑大多是50～100公釐之間的小型圓孔並不需要特別進行補強，不過一旦孔徑超過100公釐，就必須在穿孔的周邊加入斜向鋼筋進行補強（圖2）。

穿孔的大小需要在基礎樑深的1／3以下，同時要確保基礎樑主筋的保護層厚度，因此設置位置必須距離樑上端與下端達200公釐以上。

➤圖1　檢查口、換氣口的設置方式

①在剪力牆下方設置時

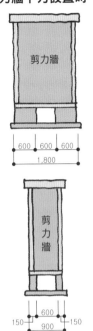

600　600　600
1,800

150　600　150
900

地樑剩餘寬度僅有150mm，因此無法將剪力牆負擔的剪力（地震力、或風壓力）傳遞至基礎。

要點
檢查口：
①設置在剪力牆中央。
②能將剪力牆所負擔的剪力傳遞至基礎（可以設置檢查口的剪力牆長度要在1,800公釐以上）。

②在開口部下方設置時（a）

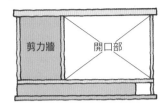

剪力牆　開口部

載重圖

地反作用力

彎矩圖

剪力圖

Q_1　Q_2

需要以「深度」來處理彎曲應力
需要以「寬度」來處理剪力

要點
檢查口：
③彎曲應力接近0。
④在僅以基礎板就能抵抗剪力的位置上設置。

③在開口部下方設置時（b）

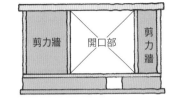

剪力牆　開口部　剪力牆

載重圖

地反作用力

彎矩圖

剪力圖

Q

要點
檢查口：
做為懸臂樑來因應彎曲應力與剪力。

➤圖2　樑的貫通性開口的補強要領

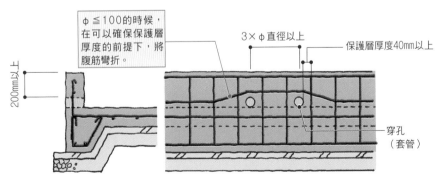

φ≦100的時候，在可以確保保護層厚度的前提下，將腹筋彎折。

200mm以上

3×φ直徑以上
保護層厚度40mm以上

穿孔（套管）

（1）　套管管徑要在樑深的1／3以下、φ≦D／3。
（2）　套管間隔在管徑3倍以上的距離。
（3）　從套管起算，要確保鋼筋的保護層厚度在40公釐以上。
（4）　套管要距離樑的上側邊緣與下側邊緣200公釐以上。

混凝土構成與鋼筋的角色

何謂鋼筋混凝土

混凝土對壓力有很強的抵抗能力，但對應拉力的能力卻很有限。因此，無鋼筋混凝土若受到外部作用力時，很容易在拉力側產生裂紋，一旦有裂紋，引起脆性破壞的可能性就會提高。為了彌補這個缺點，便在混凝土中加入抗拉能力很強的鋼筋，這種建材就是鋼筋混凝土（圖1）。

鋼筋是承受拉力的重要角色，因此，有效地配置在容易產生拉力的混凝土斷面中是非常重要的。

此外，根據鋼筋配置的位置不同，在構造上的角色與名稱也有所差異（圖2）。在基礎樑上下兩端水平配置的鋼筋是用來抵抗地反作用力所產生的彎曲應力，因此稱為「彎矩補強筋」。也被稱為「主筋」，可以說是構造上最重要的鋼筋。與此相對，在突出部上的縱向鋼筋則稱為「剪力補強筋」。

混凝土的破壞形式包括彎矩破壞與剪力破壞，其中剪力破壞是非常脆的破壞形式。為了防止這種破壞發生，會採取剪力補強筋來補強。要使剪力補強筋發揮性能，必須確保鋼筋與混凝土間的定著力，因此必須在鋼筋端部施做直徑4倍長的彎鉤。如果不設彎鉤得話，會造成只單靠混凝土的斷面來承受剪力的情況。

配筋的要點

為了使鋼筋發揮有效的作用，施工時有許多必須注意的事項，特別是①鋼筋的定著與續接長度、②鋼筋的間距、③鋼筋的保護層厚度三個重點。就①而言，在角落與交叉部位，必須將某向鋼筋折成L形，或是置入L形的補強筋來確保定著長度。一旦無法確保定著長度，就很容易在角落部分產生裂紋，而有損壞基礎一體性的疑慮。②鋼筋的間距對於確保鋼筋與混凝土之間的附著力來說，是很重要的關鍵（③請參照第232頁）。

➤圖1　鋼筋混凝土的構成

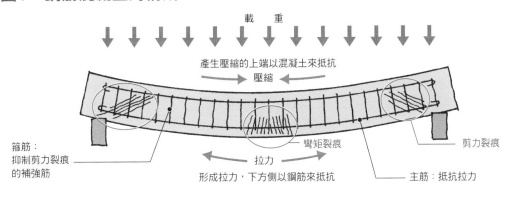

載　重

產生壓縮的上端以混凝土來抵抗

壓縮

箍筋：
抑制剪力裂痕
的補強筋

彎矩裂痕

剪力裂痕

拉力

形成拉力，下方側以鋼筋來抵抗

主筋：抵抗拉力

➤圖2　部位別的鋼筋名稱與作用

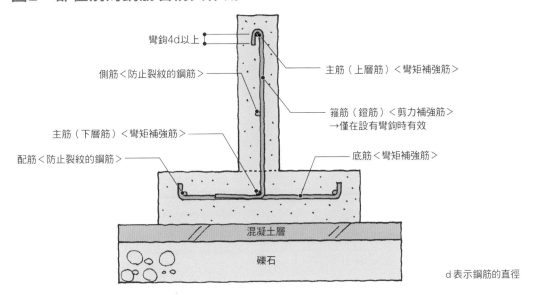

彎鉤4d以上

主筋（上層筋）＜彎矩補強筋＞

側筋＜防止裂紋的鋼筋＞

箍筋（鐙筋）＜剪力補強筋＞
→僅在設有彎鉤時有效

主筋（下層筋）＜彎矩補強筋＞

底筋＜彎矩補強筋＞

配筋＜防止裂紋的鋼筋＞

混凝土層

礫石

d 表示鋼筋的直徑

➤圖3　交叉部位的補強

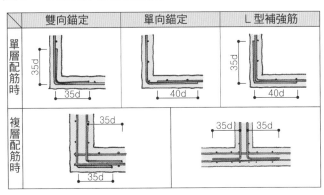

	雙向錨定	單向錨定	L型補強筋
單層配筋時	35d / 35d	40d	35d / 40d
複層配筋時	35d / 35d		35d / 35d

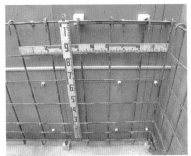

突出部的配筋。在角落處將單向鋼筋彎折並
固定於垂直相交的樑上。

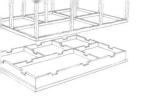

水灰比與坍度

> **POINT**
> ➤ 少量的水是提高混凝土品質的第一要素
> ➤ 坍度以 **15** 公分以下為目標

混凝土的材料與配比

所謂的優質混凝土是指工作性佳[5]、硬化後能達到要求強度與耐久性的混凝土。混凝土由水泥、骨材、水等材料構成，如果降低其中水與空氣的含量，就能得到愈密實、且強度與耐久性都很高的混凝土（圖1、2）。相反的，雖然水量多能提高工作性，但是在硬化過程中會增加乾燥收縮量而容易出現裂紋，耐久性會因而降低。

混凝土品質的指標包括基準強度、坍度、及水灰比。所謂的基礎強度是指混凝土的抗壓強度Fc，例如Fc21是表示養護四星期（28天）的混凝土在每一平方公釐的面積上可具有21N的抗壓強度。所謂的坍度是用來表示尚未凝固的混凝土（新拌混凝土）的硬度，測試方式是在試體圓錐筒中填滿混凝土，將圓錐筒向上拉起之後，確認混凝土下降的尺寸（圖3）。數值較小表示混凝土硬度較大，

因為是呈現山崩一樣的崩塌方式，因此也能確認粒料是否分離。

水灰比是指水與水泥的重量比例，水量多則數值大（圖2）。

理想的混凝土配比

根據JIS的規定[6]，混凝土的標準配比是當基準強度為Fc21時，坍度為18公分，單位水量約在185kg/m³，水灰比在60％左右。但為了提高混凝土的耐久性，通常會採取以下的配比（表）。
①坍度以15公分為標準。
②單位水量在175kg/m³以下。
③水灰比在50％以下。

由於木造的基礎形狀相對單純，而且鋼筋量也比較少，因此即使混凝土坍度低也仍能施工。採取低坍度做法也是為了降低單位水量、及水灰比，藉此提高混凝土的耐久性。

譯注：
5.混凝土的工作性是指在均勻性損失最少的條件下，例如出現析離、泌水現象等，新拌合的混凝土能被適當地澆置、夯實與修飾的性質。
6.台灣對於混凝土的材料、施工方式、檢驗方式等，在中華民國國家標準（CNS）中有詳細規定。其中結構用混凝土在抗壓強度Fc21時，參考水凝用量為300～325（kg/m³），坍度範圍5～12.5公分，最大淨用水量為24（公升/50kg水泥），粗粒料尺度在4.75～37.5公釐。

▶圖1　優質混凝土

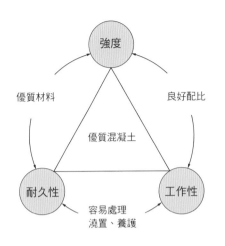

優質混凝土

強度

優質材料　　　　　良好配比

耐久性　　　　　　　工作性

容易處理
澆置、養護

▶圖2　混凝土的構成

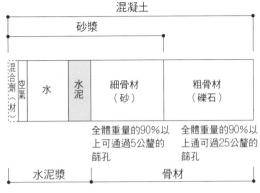

混合劑（材）	空氣	水	水泥	細骨材（砂）	粗骨材（礫石）

混凝土
砂漿
水泥漿　　　　　　骨材

全體重量的90%以上可通過5公釐的篩孔
全體重量的90%以上通過25公釐的篩孔

水灰比（水與水泥的重量比）
水（W）：175kg/m³
水泥（C）：300kg/m³　}→W/C＝58.3%

▶圖3　坍度試驗的要領

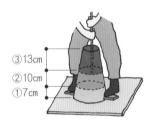

③13cm
②10cm
①7cm

1.先將圓錐體內面以濕布擦拭後，將圓錐體踩緊使其不會往上抬。
　・將試驗材料以約莫等量的方式分成三層倒入圓錐體中（分次方式參考左圖①～③）。
　・各層皆以搗棒均勻搗實25次。
　・搗實結束後將上面抹平。

2.將圓錐體不向某一側傾斜地慢慢垂直向上拉起（拉起的時間約2～3秒）。
　坍度（中央部分從原高度下降的高度）以每0.5公分來測定。
3.以搗棒敲打底板，觀察混凝土的崩塌狀態。

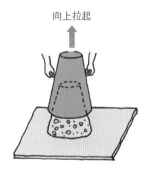

向上拉起

坍度值

優質混凝土

分離狀態

劣質混凝土

▶表　混凝土的配比範例（F꜀ 21時的水量）

	坍度	單位水量	水灰比
JIS規定	18cm	185kg/m³	60%
建議值	15cm	175kg/m³	50%

為了提高耐久性的水量
①JIS對於坍度的容許誤差為±2.5公分。不過一旦坍度設定為18公分時，最大容許值就會超過20公分。因此坍度通常以15公分為標準。
②單位水量以175kg/m³為目標。
③水灰比以50%以下為目標。

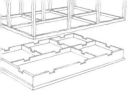

中性化與保護層厚度

POINT

> 混凝土的中性化會對耐久性產生影響。必須降低水灰比，並且確保保護層的厚度

保護層的厚度

　　保護層厚度是指鋼筋混凝土內的鋼筋表面到混凝土外側的距離。在建築基準法施行令中，針對構材的部位與裝修情形規定了保護層的最低值[7]（表）。此外，在《建築工程標準詳圖‧同解說鋼筋混凝土工程（JASS5）》（日本建築學會）中，也指示了施工誤差的建議值。保護層厚度在構造上的作用有以下幾點：

①確保混凝土與鋼筋的固著，使之保有一體性，

②防止混凝土的中性化造成鋼筋腐蝕，確保耐久性，

③防止鋼筋在火災發生時的溫度上升，確保耐火性能。

　　對木造住宅的基礎來說，①與②尤為重要。

混凝土的中性化

　　混凝土雖然是鹼性物質，但是會受到二氧化碳的影響，從表面開始會慢慢地中性化（圖1）。中性化本身雖然對混凝土的強度不會造成影響，不過，一旦中性化到達鋼筋後，與空氣接觸的鋼筋就會開始銹蝕。在銹蝕持續進行的情況之下，會使鋼筋膨脹而導致混凝土出現裂痕，最終產生龜裂與剝落。

　　混凝土中性化的原因之一是水灰比。如前一節（參照第238頁）中說明過的，混凝土中的水分一旦太多，硬化之後會產生很大的乾燥收縮量，容易導致裂紋的產生。

　　圖2說明水灰比與中性化速度之間的關係。例如基礎的耐用年限是50年，JASS5所容許的水灰比在65％時，中性化會進行至3.4公分，而水灰比在50％時，則會停在2.4公分左右。由於混凝土不與土壤接觸的部分，保護層厚度最小值是3公分，此時如果採取水灰比65％的話，便會有鋼筋銹蝕導致混凝土壽命縮短的危險性。

譯注：
7.台灣在「混凝土結構設計規範」第十三章設計細則針對現場澆置混凝土的鋼筋保護層厚度規定如下表（單位:公釐）：

狀況		板、牆、柵、及牆板	樑、柱、及基腳	薄殼、及摺板
不受風雨侵襲、且不與土壤接觸時	鋼線、或 db ≤ 16 mm 鋼筋	20	40	15
	16mm < db ≤ 36 mm 鋼筋	20	40	20
	db > 36 mm 鋼筋	40	40	20
受風雨侵襲、或與土壤接觸時	鋼線、或 db ≤ 16 mm 鋼筋	40	40	40
	16mm < db 鋼筋	50	50	50
澆置於土壤或岩石上、或經常和水與土壤接觸		75	75	–
與海水、或腐蝕性環境接觸		100	100	–

▶表　保護層厚度的規定

設計保護層厚度與最小保護層厚度的規定（JASS5）

部　位			設計保護層厚度（mm）	最小保護層厚度（mm）
不與土壤接觸的部分	柱 樑 剪力牆	室內	40以上	30以上
		室外	50以上	40以上
與土壤接觸的部分	柱・樑・樓板・牆・獨立基礎的突出部		50以上	40以上
	基礎・擋土牆		70以上	60以上

備註：數值的表示是在無裝修的條件下所的有效耐久性。

←→表示保護層的厚度

▶圖1　混凝土開始出現中性化的情況

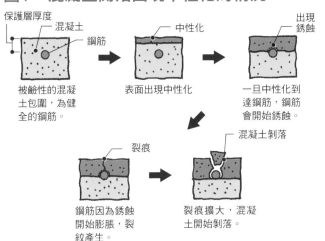

被鹼性的混凝土包圍，為健全的鋼筋。

表面出現中性化

一旦中性化到達鋼筋，鋼筋會開始銹蝕。

鋼筋因為銹蝕開始膨脹，裂紋產生。

裂痕擴大，混凝土開始剝落。

以酚酞測定混凝土的中性化深度，無色部分表示已經中性化。

▶圖2　水灰比與中性化的進行速度

（以中性化率R＝1.17為基準時）
W/C：表示水灰比

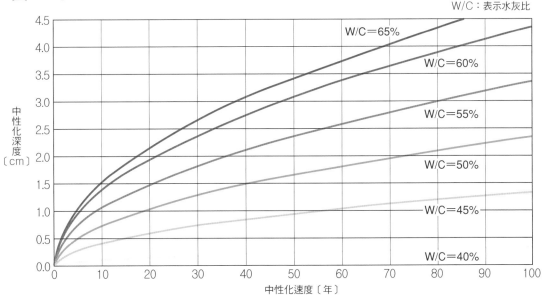

為了保持混凝土的耐久性並且維持應有強度，確保保護層厚度、降低水灰比、澆置出密實的混凝土等，都是非常重要的關鍵。

力・木材──構架・接合──剪力牆──樓板組・屋架組──構架計畫──**地盤・基礎**

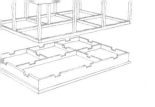

澆置與養護

將液態混凝土倒入模板內使之完全填滿稱為澆置。鋼筋混凝土如果能使鋼筋與混凝密實接著，就能在第一時間內發揮性能。為了達到密著狀態，關鍵點不在於如何將混凝土倒入，而是在於「搗實」的工作（圖）。

澆置前的注意要點

首先，必須確保模板不會在受到澆置的衝擊力與搗實的振動過程中產生移動，因此將模板確實固定好是很重要的。其次，為了確保鋼筋的保護層厚度，除了要設置墊塊外，也要注意綁紮鋼筋的鐵絲要紮緊不要突出鋼筋外。此外，在進行澆置前的模板內部清潔時，為了避免混凝土急速乾燥，要將模板內充分潤濕，也要注意塗在模板上的脫模劑不會接觸到鋼筋。

澆置中的注意要點

為了防止在澆置混凝土時出現材料分離的情況，必須確實遵守混凝土從拌合到澆置完畢所需要的時間，切勿使用非法轉手交易的混凝土。要以均質的混凝土澆置，並均勻分布地倒入模板中，隨後立即以木槌敲擊、或以震動棒搗實，讓混凝土不會產生空隙與蜂窩。

樓板與邊墩部分上方側的搗實（以鏝刀一邊輕敲一邊壓實）也要充分執行，以防止下沉裂縫的出現，這是非常重要的工作。

此外，要注意之後還要繼續澆置的部分，不能使鋼筋沾黏混凝土，如果不慎沾附混凝土時，要立即以鋼刷去除。

還有，在積雪、或下雨時，為了防止凍結、或水分增加，必須停止澆置工作的進行。

澆置後的注意要點

混凝土澆置完成後，避免混凝土出現急速乾燥與初期凝結（初凝）是首要的工作。

為了達到這個目的，必須遵守模板的拆模時間。夏季要進行遮蓋與灑水養護，避免混凝土快速乾燥而收縮。

在寒冷的天候裡要用布覆蓋著，這會有保溫的效果，以避免水分受冷凍結而影響強度。

➤ 圖　混凝土的澆置要點

· 不進行混凝土的非法轉賣。
· 澆置基腳部分時，要避免突出部分的鋼筋被混凝土附著（若有沾黏要立即去除）。
· 將綁紮鋼筋的鐵絲押入，使之不突出鋼筋外側。

保護層的重要性
①防止裂痕（構造耐力的確保）。
②防止火災發生時鋼筋的溫度上升（耐火性能的確保）。
③防止因為中性化使鋼筋腐蝕（耐久性的確保）。

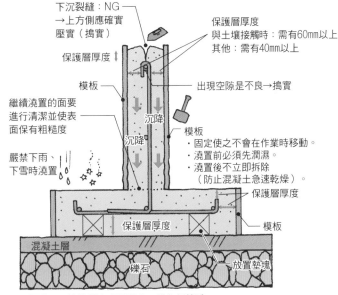

下沉裂縫：NG
→上方側應確實壓實（搗實）
保護層厚度↕

繼續澆置的面要進行清潔並使表面保有粗糙度

嚴禁下雨、下雪時澆置

模板

沉降
沉降

保護層厚度
與土壤接觸時：需有60mm以上
其他：需有40mm以上

出現空隙是不良→搗實

模板
· 固定使之不會在作業時移動。
· 澆置前必須先潤濕。
· 澆置後不立即拆除
　（防止混凝土急速乾燥）。

保護層厚度

模板

保護層厚度

混凝土層
礫石
放置墊塊

一邊以震動棒加以震動，一邊澆置密實混凝土。避免鋼筋受到澆置衝擊力影響而移動，也要適時配置墊塊。

➤ 表　完成基礎的流程

施工順序	注意事項
①開挖	· 確認支撐層。
②地基、混凝土層	· 充分夯實。
③放樣	· 確認尺寸、及開口位置。 · 下方放置墊塊。
④配筋	· 確認鋼筋的直徑、根數、與間隔。 · 確保彎鈎、固定長度。 · 收納綁紮鐵絲尾端。
⑤模板	· 固定好，使其不移動。 · 確保保護層的厚度（設置側邊墊塊）。
⑥澆置基礎混凝土	· 模板內的清潔與濕潤養護（特別在夏季時要防止急速乾燥）。 · 注意突出部的鋼筋不要附著混凝土（附著後要立即去除）。 · 注意混凝土的澆置時間間隔。 · 上方側要搗實，並以鏝刀壓實。 · 混凝土不轉賣。
⑦養護	· 蓋布養護（夏季時防止急速乾燥、冬季時防止凍結）。
⑧錨定螺栓	· 確保固定長度（以夾具來固定）。
⑨澆置突出部分的混凝土	· 繼續澆灌面、模板內清潔。 · 其他部分與澆置基礎混凝土時的注意點相同。
⑩養護	· 以蓋布、或灑水養護。 · 脫模（支撐時間）依據右表來進行。

混凝土的配置計畫
樓板15公分以下（水分減少）

開始拌合至澆置完成所需的時間
　氣溫25℃以上：90分鐘以內。
　氣溫未達25℃：120分鐘以內。
　備註：要確認從工廠至現場之間的路線。

模板的支撐時間

（普通波特蘭水泥）

平均氣溫	15℃以上	5℃以上	0℃以上
支撐時間	3天以上	5天以上	8天以上

依據公共建築工程標準詳圖（國土交通省大臣官房官廳營繕部）

力 · 木材 — 構架 · 接合 — 剪力牆 — 樓板組 · 屋架組 — 構架計畫 — 地盤 · 基礎

裂痕的對策

POINT
➤ 裂痕是因為設計考慮不足、澆置方法與養護等出現問題而產生的

裂痕產生的原因與預防

裂痕會使混凝土的耐久性明顯下降。裂痕的種類大致可以分成設計疏失所引起的類型、以及施工不良所產生的類型。兩者都是在事前詳加考量就能防止的缺失（圖）。

就設計缺陷所引起的類型，以不均沉陷所引起的裂痕為代表，這種情形可以透過在事前進行地盤調查，並且慎重地規劃基礎計畫而獲得解決。此外，換氣口周圍的補強鋼筋不足也是原因之一，要加以注意。

施工不良所引起的裂痕，有許多是因為材料、澆置方式、養護方式等問題所引起的，材料面的問題也可以利用事前確認配置計劃書來避免。

而因為澆置方法引發裂痕的代表案例，包括了保護層不足、蜂窩、繼續澆置不良（冷縫）等。蜂窩是指混凝土呈現出如同「巢」的形態。因為混凝土較難到達的角落部分與通氣口附近的模板內，容易產生蜂窩，因此在澆置時務必時時注意搗實工作。此外，所謂冷縫是運送混凝土的泵浦車交替時間過長，先澆置的混凝土已經凝固而降低了與後來澆置的混凝土間的一體性。要避免這種現象發生，必須盡可能地連續澆置，因此在澆置前確實做好時間分配與澆置順序的計畫，是相當重要的一環。

關於養護的問題，因為乾燥收縮而產生裂紋可說是混凝土的宿命。為了防止這種情形的發生，減少水分比例，同時盡量拉長模板的支撐時間並進行灑水養護等做法，都是防止急速乾燥的首要工作。

此外，澆置的面積擴大時，收縮裂痕也會擴大，因此將基礎的邊墩部分以4公尺為間隔配置成格子狀，也是防止裂痕擴大的做法之一。

一旦出現裂痕就必須進行修補工作。判斷的標準是只要寬度在0.3公釐以上的裂痕，就是必須修補的裂痕。

➤圖 裂痕的對策

裂痕的狀況	原因	預防・對策
下陷 單方向的斜向裂痕	地盤的不均勻沉陷	・進行地盤調查後再著手基礎計畫。 ・再評估過上部構造的重心位置。 重心↓ 擋土牆 （例）退縮
接近有規則性的直向裂痕	乾燥收縮	・減少水量、澆置較密實的混凝土。
從開口部的角落產生斜向裂痕	乾燥收縮	・開口部加入補強鋼筋。
在開口部下方斜向交叉的裂痕	開口部的剪力剛性不足	・確保地樑的深度。 ・將突出部鋼筋（箍筋）變細並置入。
下沉裂縫	澆置不良與養護不足	・澆置時以震動棒敲擊搗實，將空氣釋出。 ・澆置後以鏝刀壓實。
沿著鋼筋出現的裂痕	保護層厚度不足	・確保保護層厚度。 ・將鋼筋確實綁紮好，使其在澆灌時不會產生移動。
網狀裂痕　不規則的裂痕	・骨材不佳 ・水泥不良 ・過度攪拌 ・搬運時間過長 ・混合材料不良	・要使用良好的材料（配置計畫）。 ・不過度拌合→縮短運輸時間。
蜂窩	澆置不良	・澆置時不用非法轉手的混凝土。 ・澆置時要確實搗實混凝土。

力・木材 ─ 構架・接合 ─ 剪力牆 ─ 樓板組・屋架組 ─ 構架計畫 ─ 地盤・基礎

詞彙翻譯對照表

中文	日文	英文	頁碼
2×4工法	ツーバイフォー構法	2 times 4 construction	14
CP－L五金	CP-T金物	cp-t hardware	130、131
D型螺栓	D ボルト	d-bolt	128、129
二劃			
入樺	大入れ	housed joint	61、76、77、116
入樺燕尾搭接	大入れ蟻継ぎ	dovetail housed joint	93
十字板剪切試驗	ベーン試験	vane test	213
三劃			
三向格架	3方向グリット	three way grid	193
上框架材	上枠	top frame	15
下框架材	下枠	sub-frame	15
下脊	下り棟	hip	151
大黑柱	大黑柱	central pillar	64、65
山形桁架	山形トラス	mount-shape truss	193
山牆封簷板	破風板	gable board	150、151
四劃			
間柱	間柱	stud	17、37、84、85、108、110、197
中層	中塗り	intermediate coat	114、115
內角	入隅	internal angle	182、183
內栓	込栓	tie plug	63、69、84、88、89、90、91、92、93、94、95、129、165
內嵌型	インサートタイプ	insert type	91
勾動器	とんび	trigger	215
勾齒搭接	渡り腮	cogging	58、62、63、92、90、102、138、139、140、141、158
升吊捲筒	コーンプーリー	cone pulley	215
太鼓落架	太鼓落し	drum beam	52、53
太鼓樑	太鼓梁	drum beam	52、53
手動螺旋鑽探法	ハンドオーガーボーリング	hand-operated auger bowling	213
支撐地盤	支持地盤	supporting ground	23
方頭木螺釘	ラグスくリュー	Lag screw bolt	129、140
木地檻	土台	sill	15、22、23、37、38、59、63、67、70、71、71、83、86、90、94、95、100、101、109、129、130、132、178、200
木料軀幹	丸身	roundness	50、51
水平角撐	火打梁	dragging beam	62、84、141、144、197
水平角撐樓板樑	火打土台	angle brace sill	140、139
水平剛性	水平剛性	horizontal rigidity	136、138、139、148、149、155、156、157、161、168、169、184、185、188、189、190
水平隅撐	火打ち	horizontal angle brace	15、140、141、145、149、171
水平構面	水平構面	horizontal structure plane	16、136、137、140、144、146、164、165、168、169、176、185、181、182、184
水平樑	陸梁	horizontal beam	153、160、161
水灰比	水セメント比	water-cement ratio	236、237、238、239
五劃			
主支柱	真束	king strut	161
主柱桁架	キングポストトラス	king post truss	193
主動管	ドライブパイプ	drive pipe	215

主椽	合掌	principal rafter	153、160、161
主椽底部	合掌尻	principal rafter hip	160、161
凸緣	フランジ	flange	40
凹槽蛇首對接	腰掛け鎌継ぎ	groove mortise joint	93
凹槽燕尾對接	腰掛け蟻継ぎ	groove dovetail tenon	78、88、93
出簷	軒の出	eaves hood	162
半剛接	半剛接合	semi-rigid connection	17、28
半嵌入	半欠き	semi-lodge-in	138、139、149
可變螺距的五金	VP金物	variable pitch	128、129、131
台持對接	台持ち継ぎ	corbel tenon	92、93
四方紋	四方柾	four-way straight grain	43
四坡頂	寄棟	hipped roof	151、197
外角	出隅	external corner	182、183
布雷斯德桶形拱頂	ブレースド。バレル。ヴォールト	braced barrel vault	193
平行弦桁架	平行弦トラス	parallel chord trusses	192、193
平行層疊	平行積層	parallel laminated	41
平屋頂	陸屋根	flat roof	151
六劃			
全螺紋螺栓	全ねじボルト	continuous thread stud	129
共振現象	共振現象	co-vibration	198
吊拉支柱	吊束	pendant strut	160、161
地樑	地中梁	footing beam	17、23、176、200、202、220、226、227、228、229、230、231、243
地耐力	地耐力	bearing capacity	200、201
地盤改良	地盤改良	soil stabilization	202、203、220
地錨	アースアンカー	earth anchor	207、208
存在壁量	存在壁量	wall existence	120、127、148、182
灰泥壁	モルタル塗り壁	mortar wall	106、122、123
竹節式摩擦樁	節杭	nodular pile	206、222
七劃			
伸縮	エキスパンション	expansion	166
免震構造	免震構造	base isolated structure	194、195
冷縫	コールドジョイント	cold joint	242
坍度	スランプ	slump	236、237
夾尾對接	尻挟み継ぎ	bottom clip tenon	92、93
夾層	中間床	mezzanin	186、187
完全嵌入	落し込み	lodge-in	138、139、149
扭力五金	ひねり金物	twist hardware	162、163
扭曲	ねじれ	torsion	40、104、105、126、127、180、181、190
扭曲剛性	ねじれ剛性	torsional rigidity	104、105
折板構架	折板架構	folded plates structure	192
角柱	隅柱	corner pillar	128、131
角椽	隅木	angle rafter	150、151、197
角鐵	コーナー金物	corner hardware	129
防水板	防水シート	water-proof sheet	225
八劃			
制振阻尼	制振ダンパー	vibration damper	194
制振構造	制振構造	seismic control structure	194、195

拱形作用	アーチ作用	arch function	193
拱形構架	アーチ架構	arch structure	192、193
拱頂	ヴォールト	vault	193
指形接合	フィンガージョイント	finger joint	41
挑空	吹抜け	atrium	84、85、123、188、189、190、191、197
施工規範	仕様規定	specification	174、175
柱間地樑	柱勝ち	continuous pillar	132、133
柱腳繫樑	足固め	leg hold	15
柱樑構架式工法	在来軸組構法	conventional column and beam structural system	14、15、38、90
砂漿類固化材	セメント系固化材	cement base agent	202
降伏耐力	降伏耐力	yield resistance	100、101
面外挫屈	面外座屈	out-plane buckling	110
面層	上塗り	finish coat	114
十劃			
剖裂	背割り	back halving	43、46、47、68、69
剛式構架	ラーメンフレーム	rahman frame	117、197
剛性構架	ラーメン架構	Rahman frame	14、15、28、106、116、117
剛接	剛接合	rigid connection	28
埋入部	根入れ	embedment	200、201、202、203、208、209、210
套管	ケーシング	casing	215
容許挫屈應力度	許容座屈応力度	allowable buckling unit stress	67
容許應力度	許容応力度	allowable unit stress	20、100、130、136、172、173、174、175、188
容許變形角	許容変形角	allowable distortion angle	35
挫屈（現象）	座屈（現象）	buckling	24、66、68、108、109、112、148
格子樑	格子梁	lattice girder	192
格柵托樑	大引	sleeper joist	22、197
格柵型樓板	根太床	joist floor	138、139、149
桁架	トラス	truss	80、81、109、148、149、152、153、154、160、192、193
桁架構架	トラス架構	truss structure	192、193
桁條	母屋	purlin	16、22、23、37、138、144、152、153、154、155、155、160、197
桅杆	バックステイ	backstay	193
框架計畫圖	伏図	framing plan	78、178、179
框組壁工法	枠組壁構法	frame-wall structure	14、15
脊桁	棟木	ridge beam	16、23、138、152、153、154、155、156、157、197
退縮	セットバック	set-back	122、184、185、197
郝威式桁架	ハウトラス	howe truss	193
馬車螺栓	コーチボルト	coach bolt	162、163
骨架	骨組み	framework	36、56、178
十一劃			
乾裂	干割れ	dry crack	46、69
側向格柵托樑	側根太	side floor joist	15
剪力釘	シアコネクター	shear connector	91、117
剪斷	せん断	shear	24、72、73、78、79、94、95、96、97、100、107、128、129、133、134、160、161、171、227、228
基礎用製材	下地用製材	foundation lumber	50
基礎底板	フーチング	footing	23、227、228、229

掛勾五金	ハンガー金物	hanhanger hardware	91
掛勾型	ハンガータイプ	hanger type	90、91
探測	サワンディング	sounding	212、213
接收樑	受け梁	receiving beam	60、76、77、87
接楣材	まぐさ受け	lintel receiver	15
斜交支撐	たすき掛け	cross oblique strut	108、109、118、119
斜度	勾配	slope	136、144、145、150、161
斜撐	筋かい	bracing	15、22、37、52、65、66、83、104、107、108、109、119、148、152、154、155、161、170、171、175、194
斜撐五金	火打金物	brace hardware	141
斜樑	登り梁	slope beam	152、156、157、192
旋轉鑽探法	ロータリーボーリング	rotary bowling	213
球型圓頂	ジオデシックドーム	geodesic dome	193
粗抹	荒壁	scratch coat	114、115
粘性阻尼	粘性ダンパー	viscous damper	194
組立模板	型枠を組み	mold work	36
組合樑彎矩接合	合わせ梁型モーメント接合	beam-type moment joint	117
荷蘭式雙管貫入試驗	オランダ式二重管コーン貫入試験	Dutch double pipe cone penetration test	213
貫通式木地檻	土台通し	continuous sill	132、133
貫通性裂紋	貫通割れ	through fracture	50、51、68、69
貫通螺栓	通しボルト	through bolt	128、129
軟弱地盤	軟弱地盤	weak ground	120、121、166、168、171、198、206、207、219
通柱	通し柱	continuous column	15、30、31、37、52、58、59、61、64、65、84、87、100、197
通柱構架	柱通し構法	through pillar structure	60、61、86、87、90、91、164、165
通樑	梁勝ち	continuous beam	116
通樑構架	梁通し構法	through beam structure	62、63、86、87、90、91、164、163
連續基礎	布基礎	continuous foundation	23、140、202、203、219、228、229、230、239
十二劃			
割裂破壞	割り裂き破壊	rip-split destruction	48
單方向懸吊屋頂	1方向吊屋根	one-way hanging roof	193
單斜支撐	片掛け	single oblique strut	108、109、118
單斜材桁架	シングルワーレントラス	single warren truss	193
圍樑	胴差し	girth	15、30、37、59、61、77、87、102、129、131、141、158、197
嵌木	雇いホゾ	pivot	61、90、91、92、93、165
嵌木入插榫	雇いホゾ差し込栓打ち	tie-plug inserted pivot	128、129、165
廂房	下屋	attached annex	165、165、184、185
插針	ドリフトピン	drift pin	88、89、90、91、96、117
普拉特式桁架	プラットトラス	pratt truss	193
無格柵地板	根太レス床	joist-less floor	138、139、149
無格柵直鋪	根太レス直張り	joist-less flooring	139
無格柵嵌入	根太レス落し込み	joist-less floor lodging in	139
無鋼筋水泥板	無筋コンクリート	plain concrete	168
短榫	短ホゾ差し	short pivot	130、131
軸向螺栓	軸ボルト	axial bolt	128、129
開口式基礎	切れた基礎	open foundation	17

撓曲	たわみ	deflection	30、44、56、72、74、75、138、142、156、157
樁（基礎）	杭（基礎）	pile foundation	202、203、208、210、216、219
樓板	床	floor	14、85
樓板支柱	床束	floor post	22、23、197
樓板板材	床パネル	floor panel	15
樓板倍率	床倍率	floor ratio	136、140、144、146、148、149、176、184、190
樓板格柵	根太	floor joist	17、22、23、37、40、52、59、138、139、142、143、148、149、197
樓板構架	床組	floor system	16、136、138、144
樓板梁	床梁	floor beam	16、86、128、138、140、142、164、178、192
標準貫入試驗	標準貫入試験	standard penetration test	212、213、214、215
模型化構架	モデル化した骨組み	modeling framework	172
潛變	クリープ変形	creep	44、74
豎向角材	竪貫	vertical timber	128、129
遮雨廊	濡れ縁	veranda	177
遮雨蓬	雨仕舞	flashing	62、150、154、158
遮陽蓬	日除け	sunshade	154
十六劃			
壁面板材	壁パネル	wall panel	15
壁體倍率	壁倍率	wall ratio	116、119、120、127、146、147、180、184
擋土牆	擁壁	retaining wall	206、207、208、209、239
橫向紋	二方柾	two-way straight grain	43
橫向壓縮	横圧縮	side compression	24、70
橫穿板	貫	batten	14、15、52、70、88、89、106、107、112、113、197
橫梁	桁	girder	15、138、157
歷時回應解析	時刻歴応答解析	time history response analysis	172、173、174、199
燕尾搭接	兜蟻掛け	dovetail hook joint	92、93、158、159
磨擦樁	摩擦杭	friction pile	202、203、222
鋸材板	挽き板	sawn plate	40、41
鋼承板	合成スラブ用デッキプレート	synthetic slab deck plate	37
鋼管樁	鋼管杭	steel pipe pile	202、222、223
鋼製支撐	鋼製レース	steel brace	106
錯層樓板	スキップフロア	skip floor	190、191
靜態貫入試驗	静的貫入試験	static penetration test	213
十七劃			
壓力斜撐	圧縮筋かい	compression brace	108、109、118、119
壓縮圈	圧縮リング	compression ring	193
檐口	けらば	roof verge	150
檐桁	軒桁	pole plate	22、23、37、153、155、158、159、197
縱向材	縦継ぎ材	lengthwise jointed lumber	41
臨界耐力計算	限界耐力計算	limit strength calculation	172、173、174、175、196
薄殼構架	シェル架構	shell structure	192、193
錘捲用拉索	ハンマー巻き上げ用引網	hammer hoisting dragger	213
錨定螺栓	アンカーボルト	anchor bolt	129、132、133、140、168、169、171、197、200、201
隱柱牆	大壁	both-side finished stud wall	110、134

國家圖書館出版品預行編目（CIP）資料

木構造最新修訂版/山邊豐彥著；張正瑜譯. -- 初版. -- 臺北市：易博士文化，
城邦文化出版：家庭傳媒城邦分公司發行, 2021.03
256面；19*26公分. -- (日系建築知識；15)
譯自：世界で一番やさしい木構造最新改訂版
ISBN 978-986-480-140-4(平裝)
1.建築物構造 2.木工

441.553   110002164

日系建築知識 15

木構造最新修訂版

從基礎到實務理論，徹底解構「柱樑構架式」工法、材料、接合、耐震與
構架計畫全圖解

原 著 書 名／世界で一番やさしい木構造最新改訂版
原 出 版 社／X-Knowledge
作　　　者／山邊豐彥
譯　　　者／張正瑜
選 書 人／蕭麗媛
編　　　輯／潘玫均、鄭雁聿

業 務 經 理／羅越華
總 編 輯／蕭麗媛
視 覺 總 監／陳栩椿
發 行 人／何飛鵬
出　　　版／易博士文化 城邦文化事業股份有限公司
　　　　　　台北市中山區民生東路二段141號8樓
　　　　　　電話：（02）2500-7008　傳真：（02）2502-7676
　　　　　　E-mail: ct_easybooks@hmg.com.tw
發　　　行／英屬蓋曼群島商家庭傳媒股份有限公司城邦分公司
　　　　　　台北市中山區民生東路二段141號11樓
　　　　　　書虫客服務專線：（02）2500-7718、2500-7719
　　　　　　服務時間：週一至週五上午09:30-12:00；下午13:30-17:00
　　　　　　24小時傳真服務：（02）2500-1990、2500-1991
　　　　　　讀者服務信箱：service@readingclub.com.tw
　　　　　　劃撥帳號：19863813　戶名：書虫股份有限公司
香港發行所／城邦（香港）出版集團有限公司
　　　　　　香港灣仔駱克道193號東超商業中心1樓
　　　　　　電話：（852）2508-6231　傳真：（852）2578-9337
　　　　　　E-mail：hkcite@biznetvigator.com
馬新發行所／城邦（馬新）出版集團Cite(M) Sdn. Bhd.
　　　　　　41, Jalan Radin Anum, Bandar Baru Sri Petaling,
　　　　　　57000 Kuala Lumpur, Malaysia.
　　　　　　電話：（603）90578822　傳真：（603）90576622
　　　　　　E-mail：cite@cite.com.my

製 版 印 刷／卡樂彩色製版印刷有限公司

SEKAI DE ICHIBAN YASASHII MOKUKOUZOU SAISHIN KAITEI BAN
©TOYOHIKO YAMABE 2019
Originally published in Japan in 2019 by X-Knowledge Co., Ltd.
Chinese(in complex character only)translation rights arranged with X-Knowledge Co., Ltd.